知识生产的原创基地
BASE FOR ORIGINAL CREATIVE CONTENT

颉腾科技
JIE TENG TECHNOLOGY

U0234642

拯救僵尸
Scrum

卓越敏捷团队生存手册

Zombie Scrum Survival Guide
A Journey to Recovery

[荷] 克里斯蒂安·维吉斯　[德] 约翰尼斯·沙尔托　[荷] 巴里·奥维里姆 / 著
曹宝祯　李国彪　张琳奚 / 译

北京理工大学出版社
BEIJING INSTITUTE OF TECHNOLOGY PRESS

图书在版编目（CIP）数据

拯救僵尸Scrum：卓越敏捷团队生存手册/(荷)克里斯蒂安·维吉斯,(德)约翰尼斯·沙尔托,(荷)巴里·奥维里姆著；曹宝祯,李国彪,张琳奚译.—北京：北京理工大学出版社,2023.6

书名原文：Zombie Scrum Survival Guide：A Journey to Recovery

ISBN 978-7-5763-2444-0

Ⅰ.①拯… Ⅱ.①克… ②约… ③巴… ④曹… ⑤李… ⑥张… Ⅲ.①软件开发－项目管理－手册 Ⅳ.①TP311.52-62

中国国家版本馆CIP数据核字（2023）第097300号

北京市版权局著作权合同登记号　图字：01-2023-2641号

Authorized translation from the English language edition, entitled Zombie Scrum Survival Guide 1e by Christiaan Verwijs, published by Pearson Education, Inc, Copyright © 2021 Pearson Education, Inc.

All rights reserved. No part of this book may be reproduced or transmitted in any form or by any means, electronic or mechanical, including photocopying, recording or by any information storage retrieval system, without permission from Pearson Education, Inc.

CHINESE SIMPLIFIED language edition published by BEIJING WISDOM TEDA BOOKS CO LTD Copyright © 2023.

本书由Pearson Education, Inc.授权北京文通泰达图书有限公司在中国境内（不包括香港、澳门特别行政区及台湾地区）出版与发行，版权所有。未经许可之出口，视为违反著作权法，将受法律之制裁。

本书封面贴有Pearson Education（培生教育出版集团）激光防伪标签。无标签者不得销售。

出版发行 / 北京理工大学出版社有限责任公司

社　　址 / 北京市海淀区中关村南大街5号

邮　　编 / 100081

电　　话 / （010）68914775（总编室）

　　　　　（010）82562903（教材售后服务热线）

　　　　　（010）68944723（其他图书服务热线）

网　　址 / http：//www. bitpress. com. cn

经　　销 / 全国各地新华书店

印　　刷 / 文畅阁印刷有限公司

开　　本 / 880毫米×1230毫米　1/32

印　　张 / 12　　　　　　　　　　　责任编辑 / 钟　博

字　　数 / 207千字　　　　　　　　　文案编辑 / 钟　博

版　　次 / 2023年6月第1版　2023年6月第1次印刷　　责任校对 / 刘亚男

定　　价 / 99.00元　　　　　　　　　责任印制 / 施胜娟

《拯救僵尸 Scrum：卓越敏捷团队生存手册》献给所有与僵尸 Scrum 斗争的无名受害者和无名英雄们。

我们是来支持你们的。

关于作者

克里斯蒂安·维吉斯（Christiaan Verwijs）是 The Liberators 的两位创始人之一，与巴里·奥维里姆（Barry Overeem）一起。The Liberators 的使命是用 Scrum 和释放性结构（Liberating Structures）来释放组织的超级力量。他拥有组织心理学和商业信息技术的学位，也有超过 20 年的开发经验，作为开发者、Scrum Master 与 Scrum.org 的培训师和管理者，在小型和大型组织中都有丰富的经验。在那些年里，他见证了饱受僵尸 Scrum 之苦的团队，以及其中的许多团队是如何找到康复之路的。克里斯蒂安喜欢写作（博客和代码）、阅读和玩游戏，还对乐高痴迷，并尽情地把乐高塞进他的办公书房。

约翰尼斯·沙尔托（Johannes Schartau）是一名敏捷产品开发和组织改进方面的顾问、培训师和教练。他对民族学（专注于亚马逊萨满教）、心理学、技术、整体性思维、复杂性科学和脱口秀的兴趣最终在 2010 年开始推行 Scrum 时融合在一起。从那时起，他就致力于从各种可能的角度与在其中工作的人一起探索组织。他的使命是通过在世界各地传播健康敏捷和释放性结构，将生命的意义带回工作场所。除了工作之外，他还热衷于"撸铁"（包括在健身房和厨房）、综合格斗和幽默。作为一个自豪的丈夫和两个调皮男孩的父亲，这带给了他生活的意义和美好。

巴里·奥维里姆（Barry Overeem）是 The Liberators 的另一位创始人。根据 The Liberators 的使命，巴里把 Scrum 和释放性结构作为灵感的来源，将组织从过时的工作和学习模式中解放出来。虽然他最初的计划是成为一名记者和教师，但最终获得了工商管理学位。在他 20 多年的职业生涯中，前半段是做应用研发经理和 IT 项目经理。2010 年，在从事软件研发工作的他开始了对 Scrum 的第一次实验。在过去的 10 年里，巴里与各种各样的团队和组织合作。有些人受困于僵尸

Scrum；有些人则设法康复了。2015 年，他以培训师的身份加入了 Scrum.org，并与克里斯蒂安一起创建了 Professional Scrum Master Ⅱ（PSM）课程。在不与僵尸 Scrum 战斗的时候，他爱好阅读和写作，徒步旅行，更喜欢和他的孩子 Melandri、Guinessa 和 Fayenne 待在一起。

关于插画师

西娅·舒肯（Thea Schukken）是 Beeld in Werking 公司的创始人。作为一个视觉引导师，她将复杂的信息转化为简单而有吸引力的插图、动画和信息图。她将自己的绘画技巧与 25 年以上的 IT 管理经验相结合。在本书中，西娅将我们的故事翻译成简单而有力的视觉效果，强化了我们想传递的信息：如何识别僵尸 Scrum 并从中康复。

Beeld in Werking 公司的创始人西娅·舒肯为《拯救僵尸 Scrum：卓越敏捷团队生存手册》创作了 50 多幅插图。

译者序

工欲善其事，必先利其器

——强大的利器支持"真"敏捷实践

从 2001 年雪鸟镇的聚会开始，敏捷宣言正式诞生，之后敏捷相关的资料迅速地被翻译引入中国，于是敏捷便在中国的软件研发行业拉开了历史的帷幕，并在几年前开始渗透扩展到各种类型的场景和工作中。

走过了 20 几个年头，敏捷在受到拥戴和狂热推崇的当今，有人视其为利器，也有人对其嗤之以鼻。有的企业遵循了敏捷的框架和思维之后，犹如久旱逢甘露、开疆辟土，打开了一个全新的局面；而有的企业却东施效颦，形似而神全无。

敏捷是一种思维，也是指导合作共创价值的一套原则和思路；而敏捷思想衍生出的分支方法和框架很多，流传最广和易于上手的便是 Scrum 框架——它化繁为简、保留最基本的元件，摒弃冗余的组织框架、降低管理的复杂性；但即便是这样轻量级的、易于上手、支持快速交付和积极响应变化的框架，在很多组织里的应用却犹如"行尸走肉"，失去了其内核和本该创造的效能，这种形态便被描述为僵尸Scrum。

本书从现象出发诊断出僵尸Scrum的症状，并用大量的真实案例，解析僵尸Scrum给团队和组织带来的危害——看似遵循Scrum框架：团队跨职能协同工作、有序的开发节奏，实则却创造出毫无商业收益的产品。而打破僵尸Scrum的核心在于：需打造利益相关者需要的产品，快速交付成果，团队持续改进，通过自组织来移除障碍，从而降低工作中的各种风险和实现对利益相关者做出更积极响应的方式。如何从诊断到进化为一个健康的Scrum呢？同时，本书用大幅的笔墨介绍了激活僵尸Scrum团队的"利器"——Liberating Structures工具箱（以下简称LS工具箱）在打破这些僵局的实验方法，操作策略明确、引导步骤详尽，不乏为LS工具箱与敏捷实践相得益彰的结合。

本书蕴藏了大量的实践指南，对于组织内部转型推动者、敏捷教练、Scrum Master、咨询顾问、组织管理者和其他感兴趣的角色，相信都能在本书中找到切身体会到的"疑似病例"，也可以快速利用它找到一套诊断方法，去识别Scrum团队的健康度。书中的LS工具箱实验，可以帮助指导开启对话，组织工作坊和共识会来对齐上下目标，并用有力的发问，在团队沟通和深层次的根源思考中，帮助团队和组织找到持续改进的驱动力和具体切入点。

最近，作为在国内敏捷社区第一个引进 Liberating Structures（释放性结构引导工具）的机构——优普丰敏捷咨询团队，除了继续在 Scrum 方面发力，我们也肩负着 LS 工具箱在国内的推广使命。这本书在一定程度上不仅能帮助到我们团队拿到诊断客户现状的实用方法，并借鉴实验的操作指南，利用有效的工具来针对性地提供咨询服务，同时也为 LS 工具箱找到了最佳的应用土壤，为我们的推广之路找到启明灯。好了，接下来开启宝箱，阅读《拯救僵尸 Scrum：卓越敏捷团队生存手册》，享受你的知识汲取和持续成长的旅途吧！

本书中，关于作者、推荐序、致谢和第 1~6 章、第 9 章、第 11~13 章由曹宝祯执笔翻译，第 7 章和第 8 章由张琳奚执笔翻译，第 10 章由李国彪执笔翻译。衷心感谢北京颉腾文化传媒有限公司李华君总经理和鲁秀敏编辑的辛勤工作，感谢家人、朋友的理解和支持。由于译者水平有限，若有不当之处恳请诸位同行、专家和读者批评指正，更希望有僵尸抵抗成员一起参与讨论和修正。

曹宝祯　李国彪　张琳奚

2023 年 4 月

Dave West 推荐序

    Scrum 被分析家和媒体称为使用最广泛的敏捷框架，每天可能有数百万人在使用它。若想证明它的影响，只要穿上印有 Scrum 的 T 恤，走过机场就行了。人们会拦住你，问你关于 Scrum 的问题，以及你是否能帮助他们做 x 或 y。虽然有很多人在使用 Scrum，但是没有从中得到最大收益。正如克里斯蒂安、约翰尼斯和巴里所描述的那样，他们就像僵尸一样，虽然无意识地使用 Scrum 的工件、事件和角色，但并没有真正从中受益。

    但还是有希望的！只要专注和坚持不懈，僵尸 Scrum 的感染还是可以治愈的。克里斯蒂安、约翰尼斯和巴里编写了这本优秀的生存手册，帮助团队和组织改进 Scrum 的使用，以得到更好的结果。它是对 *Professional Scrum Series* 中其他书籍的完美补充，所有这些书籍都致力于帮助 Scrum 团队提高在复杂且有时混乱的世界中交付价值的能力。

专业 Scrum 是僵尸 Scrum 的对照，由两个要素组成。首先是 Scrum，当然它是在 Scrum 指南中所描述的框架，也是该框架的基础。这些基础是经验主义过程，被授权、自我管理的团队，以及注重持续改进。围绕着这个框架及其理念的四个额外要素如下。

- 纪律：要有效地应用 Scrum 需要遵守纪律。你必须通过交付来学习；你必须掌握 Scrum 的机制；你必须挑战对自己的技能、角色和对问题的理解的先入为主的想法；你必须以透明和结构化的方式工作。遵守纪律是艰难的，有时可能会显得不公平，因为你的工作暴露了一个又一个问题，你的努力似乎是徒劳的。

- 行为：Scrum 价值观是在 2016 年被引入 Scrum 指南的，以回应 Scrum 成功背后所需的文化支持。Scrum 的价值观描述了五个简单的理念，这些理念在实践中会鼓励敏捷文化。勇气、专注、承诺、尊重和开放描述了 Scrum 团队和它们所在的组织都应该表现出的行为。

- 价值：Scrum 团队致力于解决那些被解决后能为利益相关者带来价值的问题。团队为客户工作，客户会因为团队的工作而奖励它们。但这种关系是复杂的，因为问题是复杂的；客户可能不知道自己想要什么，或者不清楚解决方案的经济性，或者不知道解决方案的质量和安全性。专业的 Scrum 团队的工作是，尽其所能，在所有这些方面做正确的事情，在这些约束条件下提供一个最能满足客户需求的解决方案。这需要透明度、对彼此和客户的尊重，并有一种健康的好奇心去发现真相。

- **活跃的社区成员**：Scrum 是一项小团队的团队运动。这意味着，团队在试图解决自己所欠缺的技能和经验的问题时，往往处于劣势。为了成为高效的专业 Scrum 团队，必须与社区中的其他成员合作，学习新的技能和分享经验。帮助扩大社区的敏捷性并不完全是利他的，因为帮助者经常会学到有价值的东西，他们可以将其带回来帮助自己的团队。专业 Scrum 鼓励人们形成专业人士的圈子，在圈子中交流有助于交换团队的想法和经验。

专业 Scrum 和僵尸 Scrum 是水火不容的死敌。如果你稍稍放松警惕，僵尸 Scrum 就会回来。在本书中，克里斯蒂安、约翰尼斯和巴里撰写了一份关于如何保持警惕的指南，提供了一些实用的技巧，帮助你识别什么时候你已经变成僵尸，以及如何阻止这种情况发生。他们的幽默和那些直观的材料是任何僵尸 Scrum 猎手的必备品。

祝你在与僵尸 Scrum 的战斗中好运！

——Dave West

CEO, Scrum.org

Henri Lipmanowicz 推荐序

　　Scrum 是一个优秀的框架，但是（总是有一个"但是"，不是吗？）它的使用者和实践者，就像所有人一样，都是不完美、多样化、不可预测的。他们都会本色出演，安静或健谈，犹豫或打断，鲁莽或谨慎，线性或创造性，专横或胆怯。所有人，包括 Scrum Master 在内，在进行团队工作时，都会带来一些本能的习惯。换句话说，在所有的 Scrum 事件中，都是人为因素让普通的会议变得问题多多。这就是为什么 Scrum 实践者必须准备好用合适的技巧来武装这个框架，以确保每个事件都能发挥其全部潜力，不管你要应对的是什么样的人。简而言之，每个 Scrum 事件都必须被很好地引导，以得到高效、吸引人、有价值和令人愉快的效果。

　　释放性结构（Liberating Structures）是 Scrum 的理想强化剂，因为它们是对 Scrum 的完美补充。首先，它们易于使用、灵活、高效且有成效。其次，也是最重要的一点，释放性结构确保每个参与者都能积极参与并做出贡献。这使 Scrum 事件既富有成效又对所有人都有好处。

当 Scrum 团队学习如何使用一些释放性结构时，它们收获一些工具，它们在工作内外的各种情况下都可以普遍地使用。例如，一个简单的"1–2–4–All"或"即兴社交（Impromptu Networking）"可以让团队在 Sprint Retrospective、Sprint Planning 或 Sprint Review 中进行更深入的思考。"最小规格（Min Specs）"或"生态环（Ecocycle Planning）"可以帮助 Product Owner 与利益相关者一起工作，从而整理 Product Backlog。而像"畅谈咖啡馆（Conversation Cafe）""三人行咨询（Troika Consulting）"和"智囊团（Wise Crowds）"这样的结构，可以用来应对复杂的挑战和关注点并建立信任。在本书中，你会注意到许多关于 Scrum 团队如何使用释放性结构来克服僵尸 Scrum 的例子。

克里斯蒂安·约翰尼斯和巴里在这本非常实用的书中积累了成功的经验，并分享了他们鼓舞人心的故事。他们直言不讳，以现实情况为基础，这就是为什么他们的建议总是有用的。

——Henri Lipmanowicz

联合创始人，释放性结构（Liberating Structures）

致　谢

虽然本书的扉页上只列出了三位作者，但它是由一个更大的团队完成的。我们首先要感谢 Dave West、Kurt Bittner 和 Scrum.org 的 Sabrina Love，感谢他们对这本关于僵尸 Scrum 的书的支持、鼓励和信任。特别是 Kurt Bittner，他对我们最初冗长的章节进行了反复审查，在此我们表示由衷的感谢。就像一个 Product Owner 一样，他帮助我们专注于最重要的事情，并对其他的事情说"不"（即使这是一个痛苦的抉择）。

还要感谢培生出版社的团队，Haze Humbert、Tracy Brown、Sheri Replin、Menka Mehta、Christopher Keane、Vaishnavi Venkatesan 和 Julie Nahil，感谢他们付出的时间和努力。当我们建议以一种比出版界惯例更渐进的方式来撰写、审查和编辑本书时，他们给予了我们信任。另一个值得感谢的团队是下列 Scrum Master，他们对本书进行了评论，并提供了全面的反馈和支持：Ton Sweep、Thomas Vitzky、Saskia Vermeer-Ooms、Tom Suter、Christian Hofstetter、Chris Davies、Graeme Robinson、Tábata P. Renteria、Sjors de Valk、Carsten Grønbjerg Lützen、Yury Zaryaninov 和 Simon Flossman。因为你们，这本书变得越来越棒。

特别值得一提的是本书的插画师西娅·舒肯。她创作了本书中所有美丽、诙谐和有趣的插图，增加了非常必要的视觉呈现。还有社区里所有的评论家，当我们在博客中发布花絮时，他们为我们提供了反馈和建议。

我们的工作和思考是站在巨人的肩膀上的。首先是 Scrum 框架的创始人 Ken Schwaber 和 Jeff Sutherland。他们的工作改变了我们和许多其他人的生活。Keith McCandless 和 Henri Lipmanowicz 也是如此，他们收集并发明了释放性结构，它将所有人解放出来，让每个人都可以参与到任何规模的团队中去。塑造和指导我们工作的人还有 Gunther Verheyen、Gareth Morgan、Thomas Friedman，以及许多专业的 Scrum 培训师和 Scrum.org 的管理人员。

还有其他几位合作伙伴，他们是 Gerdien、Fiona 和 Lisanne，以及我们的家人。他们自始至终都在支持我们，因为我们不得不在每个晚上回到家里的办公室来写这本书。

　　但最重要的是要感谢所有正在努力为利益相关者交付价值的 Scrum Master、Product Owner 和开发团队，特别是那些在患有僵尸 Scrum 症状情况下仍在继续工作的人们。我们要感谢你们的坚持不懈。这本书就是为你们而写的。

目　录

第 4 部分　持续改进

第 5 部分　自组织

第 1 章　入门指南

只剩下我们和僵尸了。我们团结一致才能生存下去，而
不是四分五裂。

——Rick Grimes, AMC, *The Walking Deat*

在本章中：

● 开始认识到你的团队使用 Scrum 的方式可能有些不妥。

● 探索本书的目的。

● 找出本书最适合谁。

祝贺你加入僵尸 Scrum 抵抗组织！你的会员资格有各种各
样的福利。拿好你的《拯救僵尸 Scrum：卓越敏捷团队生存手
册》。所有的新成员都有一本。这本手册包含了我们集体的共
同经验。它将使你在与僵尸 Scrum 的持续斗争中装备一切所需。

　　你之所以选择这本书，可能是因为你的团队或组织在使用 Scrum 的过程中感觉有些不对劲，或者你今天早上偶然走进办公室，发现有许多僵尸在盯着你（见图 1.1）。不管是什么情况，我们希望你在陷入困境的时候阅读这本手册。也许你正躲在办公室的屏风卡座中，躲在一堆 Sprint 目标模板下面，或者躲在写有上个月回顾报告结果的挂图后面。虽然暂时不会有人发现你在那里，但我们仍然知道，时间对你来说是至关重要的。因此，让我们不要多废话，直接进入主题。

图 1.1　只是在办公室的另一天吗

你意识到这一点了吗？

　　你作为 Scrum Master 为 Power Rangers 团队已经工作一年了。当你开始使用 Scrum 时，一切似乎都很好。你喜欢构建小的、增量版本的产品。团队似乎也很喜欢它。这很有意义。

但在这一过程中，有些地方出了问题，尽管你不确定是哪里出了问题。你可以肯定的是，这是不可行的。例如，考虑一下 Scrum 中的事件是如何进行的。Daily Scrum 总是花费太多时间，人们不停地讨论他们一直在做的那件事情，而且因为每个人都在开小会，所以没有人注意到。在每次 Sprint Retrospective 中承诺的"持续改进"都是相同的小改进，每次都没有真正得到解决（如"修复路由器""更好的咖啡""我不喜欢 Timmy"）。

起初，有一点让你感到惊讶的是，你以为大家掌握了各个事件的使用形式，但你现在已经接受了这样的现实：在枯燥无味的会议室里待了这么长时间，什么结果也没有，除了一些写满字的便笺纸，它们不可避免地会出现在你的抽屉里，提醒你将来要做一些事情。

让我们先不谈 Sprint Review 的问题。那是 Sprint 结束时的尴尬时刻，信息基本上是"我们快完成了"，但只有 Development Team 参加（有时 Product Owner 也参加），这其实并不重要。总会有另一个 Sprint 来继续完成这项工作，甚至 Product Owner 也不再关心。

欢迎来到"僵尸 Scrum"的世界，这是一种令人心碎的情况，人们只是在走过场，模仿所谓的 Scrum，死气沉沉或没有参与到 Scrum 活动中。随着时间的推移，你已经接受了这个事实，这就是这个组织所实施的 Scrum。如果没有人在乎，你为什么要关心呢？但是，你仍然有一种挥之不去的感觉，觉得事情可以做得更好，然后你发现了这本书。

它到底有多糟糕？

我们正在通过在线症状检查工具（scrumteamsurvey. org）持续监测僵尸 Scrum 在全球的传播情况。在撰写本书时，在参与过该调查的 Scrum 团队中：[*]

- 77% 的团队没有积极与客户进行合作，或者对客户的需求没有清晰的认识；

- 69% 的团队没有在一个可以围绕共同目标进行自组织的环境中工作；

- 67% 的团队无法在每个 Sprint 中交付可工作的高质量软件；

- 62% 的团队没有在一个可以长期进行持续改进的环境中工作；

- 42% 的团队认为 Scrum 对它们不是很有效。

---

* 百分比代表在 10 分制中获得 6 分或更低分数的团队。每个主题都用 10 ~ 30 个问题来测量。结果代表了 2019 年 6 月至 2020 年 5 月期间在 scrumteamsurvey.org 参与自我报告调查的 1 764 个团队。

本书的目的

现在有很多关于 Scrum 的优秀书籍，你一定要读一读。是什么让这本书值得一读呢？在我们与 Scrum 团队的合作中，注意到一个重要的现象：大多数人开始时都有很大的热情，但过了一段时间后发现它们陷入了自满状态，只是在走过场。奇怪的是，社区中似乎很少有人谈论这个问题，或者愿意公开承认这对它们不起作用。因此，我们决定测试我们的假设，抓捕一些僵尸（见图 1.2）并收集数据。这只是我们的问题，还是实际上是一个普遍的现象？事实证明，这个问题比我们想象的还要严重。

《拯救僵尸 Scrum：卓越敏捷团队生存手册》是一本关于如何从僵尸 Scrum 中恢复过来，且包含一些切实可行对策的书籍。在写这本书的时候，我们牢记三个原则。

- 我们不认为管理层是支持的，也不认为所有的团队成员都对变革充满热情，更不认为整个组织都参与其中。

相反，根据我们的研究，大多数 Scrum 团队发现自己被困在一个即便是微小的变化也很难实现的环境中。

- 我们想帮助你理解僵尸 Scrum 发生的根源，同时也为你提供实用的工具来开始改进。

- 我们希望帮助你在组织内部和外部建立社区，以开始解决你所面临的艰难挑战。

图 1.2　值得庆幸的是，抓捕僵尸来了解些情况并不难

你需要这本书吗

本书适合所有应用了 Scrum 但觉得它无法达到效果的人。你自己可能是 Scrum 团队的一员，或者与它们密切合作。在你工作的地方，它甚至可能不被称为 Scrum，尽管它具有所有 Scrum 的特征。

也许你可以很容易地指出哪些地方不是 Scrum，或者有些东西感觉不对，Scrum 没有做到你希望的那样。不管你是 Scrum Master、Product Owner、Development Team 的成员、敏捷教练或管理岗位的人，这都不重要。

无论你在哪里，无论你做什么，如果你在与你一起工作的 Scrum 团队中至少能从表 1.1 中认可一件事，那么这本书就是为你准备的。

表 1.1　诊断僵尸 Scrum 的检查表

你认可下列事项吗	是
在 Sprint 结束的时候，没有可工作的产品一起来检视	
Sprint Retrospective 往往是枯燥和重复的	
在一个 Sprint 期间，你的团队中的大多数成员都只工作在自己认领的事项上	
Product Owner 对 Product Backlog 中的内容和优先级几乎没有发言权	
你的产品的利益相关者很少参加 Sprint Review	
当一个 Sprint 不顺利时，团队中没有人觉得不好	
在你所在的组织中，"业务"和 IT 被认为是不同的事情	
在你们的 Scrum 团队中没有有趣和令人兴奋的事情发生	
每日站会只是一个由 Scrum Master 担任主持人的任务状态更新会	
最近的 Sprint Retrospective 中最重要的改进事项是为食堂购买更好的咖啡	
管理层只关心 Scrum 团队能做多少工作	

> **检查你的 Scrum 团队**
>
> 僵尸 Scrum 很狡猾，可能很难被发现。使用我们的僵尸 Scrum 症状检查工具，在线（scrumteamsurvey.org）免费诊断你的团队。

本书的结构

如果你发现自己已被饥饿的僵尸包围，可能没时间一口气读完这本书，你必须马上采取行动！因此，下一章是"急救箱"。它将帮助你尽快行动起来，脱离危险。

当你克服了最初的打击时，腾出时间深入研究这本书，并找到有用的恢复对策。由于有很多事情要讲，还有很多实验要做，我们把这本书分为五个部分。每一部分都专注于僵尸 Scrum 可能出现的一个方面。你可以直接跳到最重要的部分，以后再阅读其他部分。

- 第 1 部分：僵尸 Scrum。我们通过探讨僵尸 Scrum 是什么样子来打好基础。其症状和原因是什么？它又是如何传播的？然后，我们将帮助你理解 Scrum 框架的根本目的，以及它是如何处理复杂问题和降低风险的。

- 第 2 部分：构建利益相关者所需。Scrum 团队的存在是为了向利益相关者交付价值。但那些遭受僵尸

Scrum 之苦的团队与利益相关者天各一方，不了解他们的需求，以至于他们不知道价值意味着什么。

- 第 3 部分：快速交付。快速交付可以让 Scrum 团队了解它们的利益相关者需要什么，并减少制造错误产品的风险。但在有僵尸 Scrum 的组织中，这是一个很大的挑战，以至于团队实际上无法学习。

- 第 4 部分：持续改进。当 Scrum 团队试图构建客户所需要的产品并开始快速交付时，会涌现出许多棘手的障碍。但只有在这些障碍被解决的情况下改进才会起作用，即使每次只做一步。这种改进在僵尸 Scrum 中很少发生，团队仍然停留在开始的地方。

- 第 5 部分：自组织。当 Scrum 团队对如何做它们的工作有自主权和控制权时，它们会更容易地持续改进并克服所有阻碍它们前进的障碍。不幸的是，患有僵尸 Scrum 的组织限制了团队自我管理的能力，以至于每个人都被困住了。

每个部分都遵循类似的结构。我们从自己亲身经历的案例入手，你可能认可其中的一部分或全部。这可能是一个痛苦的时刻，但我们想让你做好最坏的打算。

在案例之后，我们将介绍调查结果。我们为这部分描述了僵尸 Scrum 的最常见症状。基于我们的研究，你将学会如何在这个领域可靠地识别出僵尸 Scrum，并了解可能导致僵尸 Scrum 的原因。这一点很重要，因为它可以帮助你了解僵尸显现的形式，使你更容易解释发生了什么，并让其他人加入我们的团队一起完成任务。

在介绍了对症状和原因的研究后，我们提供了各种各样的实验，你可以立即上手尝试，开始治愈团队。所有的实验都是基于直接的、现实工作中的经验。有些简单直观，其他的则需要更多的努力和精力。但所有的结果都是有保证的。虽然这不太可能立即治愈僵尸 Scrum，但这些实验会改善你所处的情况。大多数实验稍加修改就可以在远程团队中用于虚拟会议；其他实验则需要更大的创造性。更多信息和更多实验请见 zombiescrum.org。

我们的最后一章帮助你开始"康复之路"。不管事情有多糟，总是有希望的。僵尸 Scrum 的每一次感染都可以被治疗和治愈。

没时间了：出发

我们都在这场噩梦中，而对它采取行动已经是很多年以前的事了。我们因僵尸 Scrum 而流失的人才比我们招募新人加入僵尸 Scrum 抵抗组织的速度更快（见图 1.3）。

图 1.3　加入僵尸 Scrum 抵抗组织

　　本手册为你提供了大量有价值的实验，供你在对抗僵尸 Scrum 的过程中使用。我们不会浪费时间去解释僵尸 Scrum 是在全球蔓延的所有细节。相反，我们希望你能准备好与之斗争，并立即在你的团队中做出改变。

　　永远记住，新兵！你的思想是你最锋利的武器！当你争取到他人的帮助和支持时，情况会变得更好。僵尸 Scrum 抵抗组织就在你身边。在这场斗争中，你并不孤单！

第 2 章　急救箱

不管是死是活，真相是不会消失的。趁着你还可以，奋起反抗吧！

—— Mira Grant, *Feed*

是的，这正在发生。你已经在你的团队或组织中发现了僵尸 Scrum。这个急救箱（见表 2.1）可以指导你的第一次抵抗，并开始与僵尸 Scrum 作斗争。

表 2.1　对抗僵尸 Scrum 的急救箱

1. 承担责任	
	你并没有造成这种局面，但除非有像你这样的人站出来，否则一切都不会改变。不要责怪或躲在别人后面。树立负责任的行为榜样，并自查你是否可能无意中对僵尸 Scrum 的产生做出了"贡献"

续表

2. 评估情况
尽可能多地了解正在发生的事情。你看到了什么问题？它们是如何表现出来的？你的说法有数据支撑吗？别人为什么要关心呢？如果你不能回答这些问题，就只能孤军奋战
3. 树立意识
让其他人（包括你的团队的内部和外部）意识到正在发生什么。他们可能还没有意识到这一点。创造紧迫感，并展示由僵尸 Scrum 造成的问题给团队和组织带来的损失
4. 找到其他幸存者
一旦你树立了意识，你会发现你的组织中的其他人也已经开始注意到这个问题。组建团队，建立社区网络，以增加你的影响力，加强你们的恢复能力
5. 从小事着手
不要马上去做"大的"改变，而是从你能控制的小的、渐进的变化开始。从僵尸 Scrum 中康复是一项复杂的工作，因此要利用短的反馈周期来快速适应形势的发展
6. 保持积极乐观
抱怨、愤世嫉俗和讽刺对任何人都没有帮助。它们甚至可能导致团队进一步向僵尸 Scrum 恶化。相反，要强调哪些方面做得很好，哪些方面正在改进，以及当你们在一起工作时，哪些是可能的。用幽默来缓和气氛，但不要粉饰真实情况

续表

7. 庆祝
你不可能在一夜之间从僵尸 Scrum 中恢复过来。你可能需要一段时间才开始注意到团队的改进，这是完全没有问题的。不管成功有多小，当成功发生时要一起庆祝，来对抗极有可能发生的挫败或退步（开倒车）
8. 找人帮忙
在你自己的组织之外寻找帮助。加入或启动一个区域性的 Scrum Meetup。联系那些激励你的 Scrum Master，或者与面临类似挑战的人一起参加工作坊或课程

从 https://shop.theliberators.com/pages/the-zombie-scrum-first-aid-kit-chinese 网站下载僵尸 Scrum 急救箱的其余部分。它包含了本书中一些有用的实验材料，以及其他有用的练习。你也可以在那里订购一份打印版。

第 1 部分

僵尸 Scrum

第 3 章 僵尸 Scrum 入门

僵尸无法相信我们会在追求非食物上耗费精力。

——Patton Oswalt, *Zombie Spaceship Wasteland*

在本章中：

- 理解僵尸 Scrum 的症状和原因；

- 用我们的僵尸 Scrum Checker 诊断你的团队；

- 发现从僵尸 Scrum 中恢复是可能的，可以松一口气了。

 好了，新兵：在急救箱的帮助下，我们相信你已经进入了一个或多或少算是安全的环境。深吸一口气吧。你被这些僵尸打伤的概率现在已经低于 100% 了！这是一个重大的进步。我们知道你很想回到那里，找到治疗方法。

现在我们需要你坐稳了！我们需要确保你能在几秒内发现僵尸 Scrum 的感染。这些知识可以拯救生命，还有小猫咪！

实践经验

几年前，我们为一家大型金融机构工作。它有一个看似完美的转型计划，要在一年内推出五十多个 Scrum 团队。每周都会有几个新的 Scrum 团队被推出。每个人都兴奋得跃跃欲试。Scrum of Scrums 开始了。该机构在一间大房间中组织了大规模的规划会议，发布了计划。到了年底，转型计划完成了，又到了庆祝会的时候。敏捷转型成功了！

然而，它用来跟踪"成功"的唯一指标是人们有多忙，如每个 Sprint 完成的用户故事点数（User Story Points），以及是否完成了 Sprint Backlog 的所有事项。团队积极地在这些指标上进行比较，并鼓励人们完成更多的工作。它不去追求移除更大的组织障碍，而是要求团队专注于内部可以改进的地方。人们感到被误导、被操纵、被控制。虽然他们的指标显示他们很忙，但每个人都觉得有些不对劲……

在敏捷转型启动两年后，它开始探索不同类型的指标，以找出问题所在。它不再关注完成了多少工作，而是开始跟踪更直接衡量敏捷性的指标。从跟踪和比较用户故事点，转向测量 Product Backlog 从开始工作到交付的时间（周期时间）、客户对交付的产品有多满意（客户满意度）、团队有多满意（团队士气）、在开发上投入的资金有多少回报、交付产品的质量（例如，总缺陷），以及团队在创新上花了多少时间（创新率）。

当第一批结果出来后，大家都很震惊。他们的周期时间增加，客户满意度下降，团队不开心，投资回报率很低，缺陷数量似乎也上升了，结果，再也没有时间进行创新了。

到底发生了什么？他们已经实施了所有他们认为属于 Scrum 框架的东西。所有的工件、角色和事件都已经到位。他们甚至增加了一些额外的实践，如 Scrum of Scrums、用户故事点和大规模的规划会议（Big Room Planning）。为什么 Scrum 没有实现它的承诺呢？

Scrum 现状

这是毫无疑问的：Scrum 非常受欢迎。它已经被世界各地的许多组织所采用。两个官方组织（Scrum.org 和 Scrum Alliance）共同将 Scrum 框架传播得很远很广，在全世界拥有数百名培训师。已经有超过 100 万人获得了认证。关于 Scrum 的书籍、漫画和文章不计其数，每个国家都有一个或多个用户团体。你甚至可以在 YouTube 上找到关于 Scrum 的歌曲！

遵循敏捷性的承诺，Scrum 已经成为许多组织选择的敏捷框架。事实上，许多组织和团队都在尝试 Scrum，这当然是一件值得庆祝的事情。另外，虽然很多人认为他们在做 Scrum，但他们仍然只接触到可能性的表面。就像该组织描述的情况一样，大多数人都陷入痛苦的平庸，努力寻找出路。

当每个人都获得了认证，当角色、事件和工件都已经到位，当有一支高薪（外部）教练和培训师队伍来支持实施时，组织和团队往往认为他们在做 Scrum（见图 3.1）。谁也不能责怪他们这种"清单式的 Scrum"，因为他们很少花时间去真正理解 Scrum 的目的、基本原则和价值观。

图 3.1　敏捷转型流程

当每个 Sprint 结束，没有生产有用的、有价值的增量时（也就是说，当没有准备好向利益相关者发布新版本的产品时），Scrum 框架带来的只是表面的改变。这是不幸的，我们将在本书中探究 Scrum 团队通常很难在每个 Sprint 结束时发布产品的原因。因此，Scrum 团队没有解决这些更深层次的问题，而是放弃了，并承认"它在这里行不通"，或者更糟糕的是，Scrum 框架被指责对利益相关者的价值和（更多）响应的关注过少。

就像你试图在现有的汉堡和啤酒饮食中加入一份沙拉，这样吃就显得更健康一样，在一个破碎的系统上加入一个好的想法也不会带来神奇的改善。相反，纪律、勇气和决心是开始改变这个碍手碍脚的体系所必需的。而这并没有像它应该发生的那么频繁。

这种表面上的 Scrum 很容易演变成我们所说的僵尸 Scrum。这种情况有很多（见第 1 章"它到底有多糟糕？"）。

僵尸 Scrum

僵尸 Scrum 的简短描述是：它看起来像 Scrum，但没有跳动的心脏。它有点像一个僵尸在大雾弥漫的夜晚向你走来，从远处看，它好像一个正常人，有两条腿，嗯！也有两条胳膊，没错！也有头！但当你走进一看，妈呀，显然你要赶紧逃命，这显然很不对劲！

僵尸 Scrum 也是如此。从远处看，一切似乎都很好，因为 Scrum 团队正在进行着 Scrum 框架所指导的工作。Sprint Planning 在 Sprint 开始的时候进行，Daily Scrum 每 24 小时进行一次，Sprint 结束时进行 Sprint Review 和 Sprint Retrospective，甚至还有完成的定义（Definition of Done, DoD）！有了 Scrum 指南这个检查表，你会说团队是在"照本宣科"地实行 Scrum。但是，Scrum 并没有告诉大家如何做，这让人觉得是在做一件苦差事。这种 Scrum 没有跳动的心脏，也没有一个可以思考的大脑。

通过在实验室内外多年的研究，我们发现僵尸 Scrum 的症状主要表现在以下四个方面。

症状一：僵尸 Scrum 团队不了解利益相关者的需求

与电影中攻击人类以吞噬其肉体的僵尸不同，受僵尸 Scrum 影响的团队更喜欢躲得远远的，待在自己熟悉的环境中（见图 3.2）。它们既不在乎价值链上游的东西，也不在乎价值链下游的东西。它们躲在屏幕后面，忙着设计、分析或写代码，这样更安全。僵尸 Scrum 团队把自己看成车轮上的一个齿轮，无法或不愿改变任何东西以产生真正的影响。可悲的是，这个比喻通常很准确。

图 3.2　僵尸团队像这样害羞

　　它们的工作，以及工作所涉及的组织，往往被设计成远离真正使用产品或为产品付费的人。在传统的组织中，开发人员只写代码，就像管理者只负责管理、设计师只负责设计、分析师只负责分析一样。当他们完成工作后，他们把工作交给其他人，然后在不知道前一个项目发生了什么的情况下进行下一个项目的工作。这种老式的孤岛思维与跨职能团队的理念背道而驰，而跨职能团队需要拥有必要的技能和行为，与利益相关者一起创造有价值的产品。

　　其结果是，团队大量炮制出价值可疑的产品功能。这些功能可能不是利益相关者真正需要的。或者它们很好用，但并不能真正帮助用户提高工作效率。这可能是产品开发中最大的浪费：平庸的产品没有提供多少价值。

症状二：僵尸 Scrum 团队不能快速交付产品

在 Sprint 结束时，团队在交付任何有价值的东西时都饱受僵尸 Scrum 之苦。在通常情况下，甚至没有一个可工作的增量。即使有，也需要几个月的时间才能发布给利益相关者。即使 Scrum 团队按部就班地进行 Scrum 工作，也没有什么可以检视和调整的地方（见图 3.3）。

图 3.3　对不起，没有可工作的产品，我们给你用 PPT 演示一下吧

这一点在 Sprint Review 中表现得最为明显。利益相关者没有机会拿起键盘和鼠标来使用产品，验证产品功能。取而代之的是，团队打开投影仪进行花哨的演示，展示截图，或者简单地谈论 Sprint Backlog 上的内容。如果对产品进行了检视，要么是非常技术化的方式，要么是用"我们必须在下一个 Sprint 完成"或"哎呀，这个功能现在还不能用！"

这样的评论来搪塞。一个更微妙的迹象是在 Sprint Review 上缺乏互动。没有人表达意见，没有人提出建议，也没有人讨论新的想法。利益相关者很少在场。而 Product Owner 似乎对一切都 OK。Sprint Review 不是检查产品的新版本，而主要任务是在需求规格说明书的列表上标记"完成"。这一切都很无聊、无脑，不用花什么心思，而且似乎没有人在意。

这些决定产品价值和发展方向的关键性对话，只有当人们能够检视和谈论一些有形的东西时才有可能进行。一个潜在的、可发布的产品版本，如果它可以与利益相关者进行实际互动，这比精准的文档能回答更多的问题。只有当人们有机会直接试用产品时，才会产生正确的问题和评论，而不必依靠他们的想象和假设来判断产品应该是什么样的。

这种症状还表现在团队如何定义某事何时"完成"。对于患有僵尸 Scrum 的团队来说，当某些东西在它们的机器上运行时，当代码编译时，当你看它没有出错时，它就已经完成了。所有需要交付高质量产品的工作（如测试、安全检查、性能扫描和部署）都发生在其他地方，或者根本就不会发生。

当团队无法在 Sprint 结束时交付有用的、有价值的产品增量时，Scrum 就毫无意义。这就像你假装在一辆真正的汽车里，实际上你在玩一辆游乐场里的弹簧车一样。你可以制造出响亮而令人印象深刻的引擎声，炫耀你昂贵的赛车眼镜，但这不会让你得到任何好处。

症状三：僵尸 Scrum 团队不会持续改进

就像一具僵尸在其手臂掉落时不会抱怨一样，僵尸 Scrum 团队对失败的 Sprint，甚至成功的 Sprint 都没有任何反应。当其他团队咒骂或欢呼时，它们只是保持着空洞的眼神，麻木地听天由命。团队士气低落。Sprint Backlog 中的事项被毫无疑义地转入下一个 Sprint。因为为什么不呢？总会有下一个 Sprint 的，而且反正迭代是人为的！图 3.4 讲述了这个故事。

图 3.4　"如果它没有坏，就不要去修它。"即使轮子脱落了，发动机也在飞速运转，在这嘈杂的噪声中，你听不到彼此的声音

因为 Sprint Backlog 上的事项并不与任何具体的 Sprint 目标挂钩，所以只要团队觉得喜欢，它们就可以完成，因为团队成员继续在产品开发的荒芜之地漫无目的地跋涉。没有

路标，没有方向，没有对齐，只有一些充满杂草的路。团队
成员以蜗牛的速度走到夕阳下，没有表现出任何情绪，也没
有任何改进的动力。

这能怪团队吗？在 Sprint Review 或 Sprint Planning 期
间，Product Owner 几乎不在场。唯一重要的事情是他们完
成了多少工作，而不是这些工作对利益相关者有多少作用和
价值。没有时间去反思因为这种情况而失去的东西。团队是
非常不稳定的，因为成员会不断地被调动到最需要他们专业
技能的地方，而且没有真正的 Scrum Master 在场帮助团队
成长。有些瓶颈可能是真实存在的，而有些瓶颈可能是想象
出来的。最重要的是，没有任何改进。如果有任何想要改进
的想法，很快就会被僵尸 Scrum 系统的残酷现实所扼杀。于
是，团队就这样挣扎着前进，在这里失去一条胳膊，在那边
丢掉了一条腿，像没有明天一样呻吟着。

症状四：僵尸 Scrum 团队不会自组织去克服障碍

在僵尸 Scrum 环境中运作的 Scrum 团队不能灵活地与
它们需要的人一起工作，从而创造出一款出色的产品（见
图 3.5）。它们不能选择自己的工具，甚至不能对自己的产品
做出关键的决定。它们几乎所有的事情都要请求许可，而它
们的请求经常被拒绝。这种自主权的缺乏导致了主人翁精神

（Ownership）的缺失，一切那么不言而喻。当你并没有真正
参与塑造一个产品时，你为什么要关心它的成功呢？

图 3.5　像非常僵化的机器上的齿轮

　　但偶尔有一些僵尸 Scrum 团队会很幸运。它们的经理读
到了一些关于"敏捷"的文章，决定给它们更大的空间。经
理一夜之间宣布团队自主管理了。问题是，自组织不会因为
团队被允许开拓自己的路而发生。它们必须开发技能来驾驭
这种自主性，使它们的工作与更广泛的组织保持一致，并在
这样做时得到支持。没有这种支持，失败是不可避免的。经
理很可能会再次控制，甚至比以前更严格，因为他现在有了
进一步的证据，证明这种"敏捷行为"是行不通的。

所有都紧密相连

　　正如前面提到的，这四个症状是紧密相连的。当 Sprint

很少产生可工作的产品版本时，团队就无法从 Scrum 框架提供的短反馈循环中获益。这种缺乏利益相关者反馈的情况，意味着失去了对产品的关键假设进行验证的重要机会。在没有像心跳一样的短反馈循环后，毫无疑问，Sprint 就像虚假的时间范围。在这种环境下，不会有让每个 Sprint 都做到最好的冲动。当 Sprint 没有实现目标时，团队也不会感到沮丧。即使团队可能意识到 Scrum 中的事情不应该是这样的，也不会做任何事情来改变它，因为人们觉得他们被困在一个没有任何力量来改变它的系统中。

这不就是货物崇拜 Scrum 或暗黑 Scrum 吗

在网络上简单地搜索一下，就能找到很多其他用来描述糟糕的 Scrum 的比喻，如"货物崇拜 [1]Scrum（Cargo Cult Scrum）""机械般的 Scrum（Mechanical Scrum）""暗黑 Scrum（Dark Scrum）"。我们除了喜欢僵尸，并借各种理由

[1] 第二次世界大战期间，盟军为了对战事提供支援，在太平洋的多个岛屿上设立了空军基地，以空投的方式向部队和支援部队的岛民投送了大量的生活用品和军事设备，从而极大地改善了部队和岛民的生活，岛民也因此看到了人工生产的衣物、罐头食品和其他物品。战争结束后，这个军事基地被废弃，货物空投自然也就停止了。此时，岛上的居民做了一件非常符合其本性的事情——他们把自己打扮成空管员、士兵和水手，使用机场上的指挥棒挥舞着着陆信号，进行地面阅兵演戏，试图让飞机继续投放货物，货物崇拜因此而诞生。有时也译作草包族。——译者注

将其运用到我们的书中，我们还觉得"僵尸 Scrum"突出了缺乏动机，失去了改进的动力，同时，这种反常的 Scrum 类型的特点就是缓慢的节奏。另外，僵尸是一个有趣的、过于夸张的比喻，可以给这些严肃的话题添些乐趣。在最初的笑声过后，更严格的仔细检视可能会让你洞察到改进的方法。

僵尸 Scrum 还有希望吗

一旦成为僵尸 Scrum，就永远都是僵尸 Scrum 吗？给你一个幸运而响亮的答案："不"。

首先，大多数团队在开始使用 Scrum 时，都会面临一些或所有这些症状。只要它们从错误中学习并找到克服错误的方法，犯错并不可怕。使用 Scrum 这样的框架进行经验性工作，往往与组织习惯的运作方式相悖。不可能一下子改变所有的东西，因此你必须学会如何以交付产品的方式逐步成功地应用 Scrum。这可能需要很长的时间和大量的学习。

其次，根据以往的经验，即使你的团队已经陷入僵尸 Scrum 很长时间，也可以从僵尸 Scrum 中恢复过来。当然，恢复会很痛苦，很有挑战性，也很耗时，但绝对可以完全恢复。不然我们为什么要投入时间写一本运用多种实验来预防和修复僵尸 Scrum 的书呢？

尽管如此，我们还是不得不面对一个痛苦的事实：僵尸

Scrum 已经在全球范围内蔓延，威胁着许多大大小小的组织的生存。受僵尸 Scrum 困扰的新团队数量正在迅速增长。各个部门每周都在变成僵尸。许多组织一旦认识到这种感染的严重性，就会恐慌。通常，在第一次恐慌之后，就开始了否认阶段。你会听到这样的说法：

- "这里就是这种工作方式。"
- "这是一个独一无二的组织。我们太独特了，不需要照本宣科地做 Scrum。"
- "我们没有时间参加这些 Scrum 仪式。"
- "我们的开发人员只想写代码。做'真正的'Scrum 只会让他们的工作效率降低。"
- "如果我们把员工的成熟度提高到 5 级，Scrum 就会很好地发挥作用。"

本书的目的是提供切实的实验，帮助你对抗僵尸 Scrum。这种方法确实需要你勇敢、大胆、凶猛。而我们完全相信，你和你的团队可以做到这一点！请记住，你不是一个人在做这件事。你是全球运动的一部分，共同对抗僵尸 Scrum!

实验：一起诊断你的团队

在本书中，你会发现许多实验和干预措施，你可以和你的团队一起做。这些实验和干预措施都是为了帮助正在发生的事情建立透明度，允许检视和鼓励适应。每个实验都遵循类似的模式。我们从目的开始，然后解释步骤，并给出需要注意的方向。

　　第一个实验的目的是建立透明性，并围绕僵尸 Scrum 展开对话（见图 3.6）。这是走向恢复的关键第一步，也是面对现实情况需要迈出的第一步。这个实验可以帮助你在急救箱（见第 2 章）的前三个步骤上取得进展：承担责任、评估情况、树立意识。

图 3.6　团队在进行诊断

　　这个实验基于释放性结构工具 W³ 反思法 ［怎样 – 那又怎样 – 现在又怎样（What, So What, Now What?）］[1]，这是一个树立信心、庆祝小成功、增强团队克服困难的好方法。

---

[1] [法] 亨利·利普曼 诺维奇，[美] 基思·麦坎德利斯 . 释放性结构：激发群体智慧 [M]. 储飞，曹宝祯，译 . 北京：中国广播影视出版社，2022.

技能／影响比率

技能	☆☆☆☆☆	填写调查问卷并与你的团队一起检查结果，不需要任何技能
生存影响	☆☆☆☆☆	在僵尸 Scrum 环境中，这个实验可以让你的团队（以及团队周围）发生的事情变得透明。这是康复之路上至关重要的第一步

步骤

下面的步骤可以帮助你做这个实验。

1. 进入 scrumteamsurvey.org，为你的 Scrum 团队填写免费调查问卷。按照指示邀请你的团队中的其他人加入你的"样本"。为了保护他人的隐私和避免调查问卷被滥用，每个成员的分数只会显示给每个调查者。

2. 当你完成调查后，将收到一份详细的报告（见图 3.7）。每当有人加入样本时，报告就会更新。在报告中，你会发现僵尸 Scrum 的四个症状的结果，以及更详细的分类。报告还根据结果给出反馈和建议。

图 3.7　这是完成调查后你收到的部分报告

3.当大家都参与了之后，安排一个小时的工作坊，一起检查结果。建议只和 Scrum 团队一起做：Product Owner、Scrum Master 和 Development Team。

4.准备工作坊。你可以打印报告并分发副本，把打印的报告贴在墙上，或者干脆把报告投放在屏幕上。

5.在工作坊开始时，明确地重申目的，并强调会有什么成果（以及不会发生什么）。一定要强调改进总是一个渐进、增量和经常处于混乱中的过程，而这个工作坊是这个过程之一。

6.邀请大家安静地检查结果，记下观察心得，并问大家："你在结果中注意到什么？"鼓励大家在第一轮中坚持事实，避免妄下结论。几分钟后，请大家两两结对交流和观察结果，并注意到相似之处和不同之处。如果你有 8 个或更多的人，请结对的人加入另一对，用几分钟的时间分享心得，并注意其中的规律（模式）。请小组与整个团队分享他们最重要的见解，并以在场的每个人都能看到的方式记录下来。

7. 按照上一步的操作，用不同的问题再重复两次。第二轮，问大家："那么，作为一个团队，这对我们的工作意味着什么？"第三轮，问大家："作为一个团队，我们在哪些方面有自由和自主权可以改进？我们可以迈出的第一步是什么？"一定要不断捕捉最突出的成果。

8. 把最重要的可操作的改进放在 Sprint Backlog 中，供下一个 Sprint 使用。在需要的时候让别人参与进来，以保证改进的推进。

我们的研究发现

- 可能会找出几十项潜在的改进措施，但最终什么也没做。相反，在转向其他更多事情之前，先集中精力改善一件事情。如果这个改进太大，无法承诺在一次 Sprint 中完成，就把它拆小一点。

- 当你要求大家参与这项调查时，你需要让他们充分信任你，以促使大家诚实地回答。要深深尊重大家。不要把报告传播给团队以外的人，也不要把报告转发给管理层，除非你得到每个相关人员的清晰明确的同意。

- 不要用报告来比较团队。如果这样做，损害彼此信任的速度会比你重建信任快得多。

现在怎么办

在本章中，我们探讨了僵尸 Scrum 为何从远处看很像 Scrum。它拥有所有的部件——角色、事件和工件，但它没有跳动的心脏，没有可以思考的大脑。利益相关者几乎没有参与。大家感觉不能为他们做的事情做主，而且通常没有动力去改变这种情况。不幸的是，根据我们收集的数据，这种状况非常普遍。

幸运的是，有一条出路。尽管从僵尸 Scrum 中恢复过来，可能会让你觉得必须要靠自己的努力，但我们已经看到许多团队和组织做到了这一点。本书的剩余部分是为了帮助你更好地理解导致僵尸 Scrum 的原因，并与你的团队一起开始改进。

第 4 章　Scrum 的目的

> 通常，学校是你最好的选择——也许不是为了教育你，但肯定是为了保护你免受亡灵的攻击。
>
> —— Max Brooks, *The Zombie Survival Guide*

在本章中：

- 了解僵尸 Scrum 与 Scrum 的不同之处。
- 了解 Scrum 框架的根本目的，以及 Scrum 是如何驾驭复杂问题和降低风险的。

　　我们疯狂地搜寻僵尸 Scrum 的解药，在便笺纸的背面、白板后面和床底下。我们研究了这些症状，并试图追溯它们的起源。总而言之，当谈论僵尸 Scrum 的原因时，讨论通常以这个问题结束："人们使用 Scrum 框架的原因是什么？他们希望从中得到什么？"一个不变的话题是，在僵尸 Scrum 环境下成长的团队，它们通常一脸茫然地回应这些问题。

为了从僵尸 Scrum 中恢复，首先要理解 Scrum 框架的目的。当你明白僵尸是由对新鲜大脑的渴望所驱动的时，就可以做出尽量远离它们的明智决定。但是，避免僵尸 Scrum 并不仅限于理解 Scrum 框架的目的。接下来的工作是尽快消除向利益相关者交付价值的障碍。当你不知道自己的目的是什么时，就很难有效治愈僵尸 Scrum，了解了目的，也就清楚了本书中的各种实验和干预措施是如何联系在一起的。

在本章中，我们将探讨 Scrum 框架的目的，以及它的元素如何协同工作来实现这一目的。如果想更全面地复习整个 Scrum 框架，可以参考 https://ZombieScrum.org/scrumframework。

是时候打开书本学习了，新兵！我们的计算表明，当你不知道自己面对的是什么时，你成功的机会是 0%。让你的大脑吸收一些知识，这可以防止你变成僵尸的零食。

所有都与复杂的适应性问题相关

人们采用 Scrum 的原因是什么？Scrum 框架属于一个叫作敏捷软件开发的概念的一部分，而这往往是混淆的开始。

在工作中，我们喜欢为"敏捷"这个词找到同义词。当你查找词典时，你会发现"灵活""适应性""敏锐"等替代词。在不确定性增加的环境中，这些都是很棒的特性。Scrum 的设计是为了帮助你快速学习，并在学习的基础上做出调整。

但是，Scrum 是否在任何地方、任何时候都适用呢？官方 Scrum 指南提供的定义已经为我们指明了正确的方向：

Scrum（n）：一个轻量级框架，在这个框架内，人们可以解决复杂的适应性问题，同时富有成效和创造性地交付具有最高价值的产品[1]。

理解 Scrum 目的的关键在于"复杂的适应性问题"这几个字。Scrum 指南中这个短小而又难以忽视的句子就像一个兔子洞[2]，它可以让你了解针对特定问题的不同方法。让我们进一步分析一下。

问题

当我们谈论"问题"时，我们指的是什么？这个问题看似微不足道，但了解什么是问题，什么不是问题，是探索

---

[1] Sutherland, J. K., and K. Schwaber. 2017. *The Scrum Guide*. Retrieved on May 26, 2020, from https://www.scrumguides.org.

[2] 兔子洞是一种隐喻，指的是"进入未知世界"，这层含义源自 1865 年的著名童话书《爱丽丝漫游奇境记》。——译者注

Scrum 框架目的的良好开端。

英文单词"Problem"源自古希腊语，在古希腊语中，它的意思是"阻碍（Hindrance）"或"障碍（Obstacle）"。Problem 是指那些阻碍我们去做或者了解我们需要的事情的障碍。从现实的意义上来说，它们是我们为了进步而需要解决的难题。就像拼图游戏一样，有时只需要付出一点努力，就有一个明确的成功结果；有时虽然付出了更多的努力，但仍没有明确的成功结果。

在产品开发的范围内，有许多不同层次的难题。有些问题可能是解决某个 bug、修复一个错别字，或者替换一张图片；其他问题则涉及找到一种方法来解决一群用户的需求，或者提出一个可扩展的架构。这些问题中的大多数基本上都可以分解成许多我们需要解决的小问题。

复杂的、适应性问题

问题的复杂程度各不相同，这源于它所涉及的变量或"拼图块"的数量，以及你对成功结果的了解程度。就像七巧板一样，在某些时候，要想立刻看出所有拼图块的摆放位置是非常困难的。为了取得进展，你需要从单纯的分析问题转变为在桌子上移动拼图块，看看它们是如何配合的。

"复杂"是指不能通过简单的分析和思考找到问题的解决方案。其中涉及的因素太多，而且各部分之间的互动方式也不是你能事先预测的。在产品开发中，很多变化的因素都会影响我们的成功。虽然有些是显而易见的，但大多数都不是。在与团队合作的过程中，我们经常要求人们进行头脑风暴，讨论那些认为会影响他们成功实现心中的解决方案的因素。在几分钟内，人们就会列出一个长长的清单。例如：

- 对用户某一特定功能需求的理解；
- 沟通风格和技能的差异；
- 组织内的授权与支持；
- 团队的技术水平；
- 一个清晰的目标或愿景来指导决策；
- 现有代码库的质量、规模和知识；
- 与所需部件供应商的关系。

不像七巧板游戏，这些"拼图块"是抽象的，难以界定，它们以一种不可预知和意想不到的方式相互作用，只有事后才能理解。更为复杂的是，产品开发中的许多问题并没有一个明确和明显的解决方案，它们涉及许多人和观点，并不断变化。这就是它们的"复杂性和适应性"。在和别人一起工作的时候，你对问题和解决方案的理解会以不可预知和意想不到的方式发生变化，有时是逐渐变化，有时则是非常迅速地变化。因此，你必须发展新的技能，找到更好的合作方式。

其中一个例子是有关荷兰铁路事故管理系统的产品研发，本书的作者之一担任支持者的角色。与客户所习惯的相反，该产品是由 6 个跨职能的 Scrum 团队坐在一起在几年时间内逐步开发出来的。复杂性的一个主要来源是该产品如何与几十个新旧子系统可靠地交互，以检索、同步和更新轨道上和周围的实时信息。在某些情况下，人们的生命真的取决于信息的准确性。抛开技术上的复杂性不谈，该产品的合作伙伴包括物流公司、应急服务公司、铁路客运服务商和其他公用事业供应商。即使是 Product Backlog 中看似简单的事项，也经常会因为性能问题、与旧系统和硬件的兼容性问题、团队与众多利益相关者的政治斗争问题等而变得比预期的要难解决得多。不仅整个产品的开发是一个复杂的适应性问题，Product Backlog 上的每个事项也是如此。但由于采用了经验主义的方法，团队能够逐步交付一个成功的产品，该产品至今仍在使用，并将事故响应时间缩短了 60%。

复杂性、不确定性和风险

复杂问题的一个关键属性是它们本身就具有不确定性和不可预测性。由于问题和解决方案都需要与利益相关者进行积极的探索，而且没有明确的成功定义，所以随着你对未来的进一步展望，接下来将发生什么会变得越来越不清楚。就像天气一样，你能对明天天气如何有一个很好的想法，对下周天气如何有一个大致的感觉，而对一个月后天气如何完全没有头绪。这种不确定性本身就意味着风险：走错方向的风险、在错误的事情上花费时间和金钱的风险，以及完全迷失的风险。

为了降低风险，通常下意识的策略是在实施解决方案之前进一步分析和过度思考问题。对于简单的问题，这种方法是可行的。但对于复杂的问题，更多的分析就像试图解决一个万片拼图一样毫无意义，只能在脑海中观察碎片并试图将它们拼凑起来。

然而，许多组织就是这样处理复杂问题的。他们成立特别工作组来思考解决方案，在设计阶段花费更多时间，或者要求制定更详细的计划。他们不是真正地移动拼图片来看看它们是如何组合的，而是采用越来越仪式化的方式来减小复杂性。但这些仪式实际上都不能降低风险，因为简单的事实是，复杂的问题本质上是不可控和不确定的。

值得庆幸的是，有一种很好的方法可以真正降低复杂的、适应性问题的风险。这就是经验过程控制理论（Empirical Process Control Theory）和 Scrum 框架的作用。

经验主义和过程控制理论

我们被复杂的问题所包围。即使是看似简单的问题，仔细观察后也会发现它很复杂。找到这些问题的答案的方法之一是进行推理或利用直觉。你也可以依靠以前的经验，但是，当你从来没有做过某件事，或者当变量一直在变化的时候，经验有多可靠呢？

化学工程师长期致力于应对复杂的挑战。事实证明，即使是看似简单的化学过程，经过仔细观察也会变得很复杂。如何保持液体的恒定温度？如何在不降低原油质量的情况下加热原油并进行运输？如此多的变量影响着实现过程，这就需要用不同的方法来控制它们。这个话题就是所谓的经验过程控制理论（Empirical Process Control Theory）[1]。这与试图在综合模型中识别所有可能的变量及其相互作用不同。重要的关键变量被传感器不断监测，当它们的值超过一定的阈值时，其他变量就会被修改，以调整系统回到所需的状态。可以施加更多的热量，可以排放空气，可以添加或排出一些水。在这里，驱动决策的知识并不是来自模型或假设。相反，它来自一个简短的反馈循环，在这里，根据频繁的测量进行

[1] Ogunnaike, B. A., and W. H. Ray. 1994. *Process Dynamics, Modeling, and Control.* New York: Oxford University Press.

必要的调整。

这种从经验中获取知识的方式叫作"经验主义（Empiricism）"。经验主义早在古希腊时代就发展起来了，它是现代科学的基础。它与理性主义形成鲜明对比，理性主义是用分析和逻辑推理来得出知识。在经验主义中，任何事情都不能被假定为正确的，除非通过观察得到证实。

虽然经验主义过程控制的部分发展是为了控制工业工厂中复杂的化学过程，但其原理同样可以应用于其他领域的复杂问题。Scrum 框架就是这种应用的一个例子。

经验主义和 Scrum 框架

Scrum 框架是由 Ken Schwaber 和 Jeff Sutherland 在 20 世纪 90 年代开发的，并在 1995 年首次正式形成，以解决产品和软件开发所固有的复杂性问题[1]。最近，Scrum 框架被应用于各种领域的复杂问题，如市场营销、组织变革和科学研究。Scrum 框架建立在三个支持经验过程控制的支柱之上（见图 4.1）。

---

[1] Sutherland, J. V., D. Patel, C. Casanave, G. Hollowell, and J. Miller, eds. 1997. *Business Object Design and Implementation: OOPSLA '95 Workshop Proceedings*. The University of Michigan. ISBN: 978–3540760962.

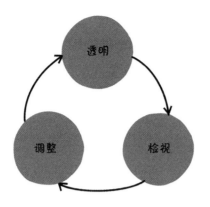

图 4.1　创造透明、检视成果和按需调整的短周期

- **透明**：收集数据（如指标、反馈和其他经验）来了解正在发生的事情。

- **检视**：与每个人一起检视进展情况，并决定这对你的目标意味着什么。

- **调整**：做出改变，希望这些改变能让你更接近目标。

这个循环会根据需要经常重复，以捕捉工作中出现的偏差、意想不到的发现和潜在的商业机会。这个过程不是一年一次，也不是在项目完成时发生，而是每天、每周或每月不断地进行。我们不应把决策建立在那些可能永远不会显露的高风险假设上，而应根据我们迄今为止所衡量到的信息来做决定。这就是经验主义。在本章后面你会发现，Scrum 框架中的所有内容都是围绕这些支柱设计的。

Scrum 框架使之成为可能

当你认识到你并不了解一切，也无法控制每一个变量时，Scrum 框架提供的经验主义方法就变得非常有用。正因如此，你要理解什么是需要改变的。你必须接受错误和新的见解会出现，这是你最初从未考虑过的。与其在前期制定一个精确的计划，然后无论如何都要坚持下去，不如把想法当作假设（Assumption）或假定（Hypotheses）[1]，用 Scrum 框架来验证。

比起单纯的按照计划行事，Scrum 框架可以让你更快地了解自己是否偏离了轨道，是否需要做出调整。你现在可以先解决你所面临的最大问题，而不是从一开始就全部押注在一个所谓的解决方案上。

当你在一个不确定的、不断变化的环境中工作时，这一点尤为重要。你在工作之初所做的合理假设可能会被抛到一边。与长期项目结束时的灾难性失败不同，经验主义的方法是将意外的变化减少到需要你稍微纠正路线的一个小减速带。

如果说 Scrum 框架有助于降低复杂的适应性问题固有的不可预测性和不确定性的风险，那么它可以让你不断地验证

[1] 假设（Assumption）：更多是基于自己的信念，没有证据，没有理由，也没有被研究和验证过。假定（Hypotheses）：尚未被证明归类为理论但被研究人员认为是正确的事物被标记为假定。通过试验和研究统计，假定可以接受和否定。——译者注

你是否仍然朝着你所设定的解决问题的方向前进。更好的是，你现在有了一个能积极鼓励发现更好想法的过程，并将它们纳入你的下一步工作。现在，不确定性变成了一种资产，因为其中蕴含着所有的可能性。

Scrum：以经验性方式来工作的最小演进边界集

当阅读 Scrum 指南，或者对 Scrum 框架进行描述时 [1]，你可能会注意到 Scrum 框架中有很多东西是开放的。例如：如何定义 Sprint 目标？如何创建跨职能的团队？有哪些实践可以帮助 Product Owner 或 Scrum Master 取得成功？带着全新的眼光来看待 Scrum 框架可能是一种令人沮丧的体验，因为寻找完整方法论的人会想"我该怎么做呢？"，这是可以理解的。

Scrum 框架是故意不完整的。最好将其理解为以经验性方式来工作的最小边界集。它只描述了你需要做什么，而不是如何做。Scrum 指南没有提到具体的实践，如测试驱动开发、故事点或用户故事。每个团队、产品和组织都是不同的。这种复杂性意味着，没有什么灵丹妙药或放之四海而皆准的解决方案。相反，Scrum 框架鼓励每个团队在其边界内探索适合本地的解决方案和做事的方式。从简单地尝试不同的事

---

[1] 从 https://zombiescrum.org/scrumframework 下载 PDF。

物到从博客文章、播客和聚会中获得灵感，有很多潜在的学习途径。

Scrum 框架也不是一成不变的。随着时间的推移，它也会发生变化。自 1995 年 Scrum 第一次被正式定义以来，使用 Scrum 的团队的集体见解和经验引起了许多大大小小的调整。一个普遍的趋势是，Scrum 框架越来越多地应用于产品和软件开发以外的领域。这反映在从框架中删除了特定的实践（如燃尽图）。措辞也发生了变化，强调意图而不是实施。新的版本越来越多地强调 Sprint 目标和价值在复杂环境中驱动决策的重要性。Scrum 框架本身也有自己的透明、检视和调整的过程。

僵尸 Scrum 和效率思维

僵尸 Scrum 与这一切有什么联系？我们发现人们使用 Scrum 框架的原因是错误的。当你问僵尸 Scrum 组织中的人，他们希望从 Scrum 中得到什么时，你会听到诸如"更快""更聪明""更多产出""更有效率"之类的话。这与"敏捷"这个词的实际含义非常不同。这也与 Scrum 框架的设计目的大相径庭。这种矛盾从何而来？

传统的组织管理和产品开发方式被设计成为反敏捷性。

这种心智模式通常被称为"效率思维（Efficiency Mindset）"模式。效率思维模式的完整历史超出了本书的范围，但 Gareth Morgan 的著作提供了一个很好的介绍[1]，可以说，它的目的是尽可能地减小不确定性，增加可预测性，提高效率。这种思维方式通常表现为即将到来的工作制定详细计划，通过协议和过程使工作标准化、进行高度的任务分工，以及衡量效率（如每天的工作单元、资源利用率或出错次数）。这种思维模式当然适用于工作重复和简单的环境，如流水线工作或某些行政工作。但在人们处理复杂的、高适应性的问题的环境中，这种方法显然行不通，因为这些问题本身就是不可预测和不确定的。

然而这种心智模式是如此的根深蒂固，以至于它实际上被忽视了。它完全造就了我们设计组织、构建互动和建立文化的方式。当你从这个角度看待 Scrum 框架时，你就会理解为什么有些人试图从它如何影响效率、速度和产出的角度来理解这个框架，但当它似乎没有做到这一点时，人们就会感到失望。

从广义上讲，Scrum 框架更关注的是有效性（Effectiveness），而不是效率（Efficiency）。效率是指尽可能多地完成工作（产出），而有效性则是指工作的价值和有用性（结果）。虽然效

[1] Morgan, G. 2006. *Images of Organization*. Sage Publications. ISBN: 1412939798.

率完全有可能随着 Scrum 框架的运用而提高，但它本身既不是承诺，也不是目标。

在僵尸 Scrum 的环境中，效率思维是如此突出，以至于人们只看到 Scrum 框架的结构性元素：角色、事件和工件。他们没有看到也没有体会到下面的经验过程的价值（见图4.2）。这就是为什么僵尸 Scrum 看起来只是像 Scrum，但没有经验主义的跳动的心脏。

图 4.2 看错东西了吗？僵尸 Scrum 把关注绩效和完成工作量紧密相连。但是顾客满意吗？价值被交付了吗？

那么简单的问题呢

当 Scrum 框架是为复杂的、高适应性的问题而设计时，这对于处理简单问题的情况又意味着什么呢？如果你不确定是否一开始就面对一个复杂的问题该怎么做呢？

首先，从事这项工作的人往往最有机会发现复杂性。对于利益相关者来说看似无比简单的事情，对于开发者来说可能非常困难。作者之一曾经遇到过一位利益相关者，他大胆地表示，建立一个网店所涉及的内容无非就是把一个 U 盘插入笔记本电脑。显然，这位利益相关者从这种信念中受益，因为他希望这样可以降低开发的成本。但我们都经历过这样的例子，一个没有从事这项工作的人声称"它没有那么难"。如果有可能的话，工作的复杂性应该由从事此项工作的人来判断。

其次，尽管如此，即使从事这项工作的人也很容易自欺欺人。复杂的问题具有欺骗性，因为它们的复杂性往往乍一看并不明显。只有当你开始解决它们的时候，你才会发现在表面之下还有很多东西。大多数开发人员都遇到过这种情况：他们从一个看似很小的改动开始，却发现这个小改动会影响到很多其他组件，并引发意想不到的问题。一开始看似简单的问题，结果反而变成了一个复杂的问题。

再次，复杂性不仅来自技术问题。虽然改变网站上一个按钮的文字可能很容易，但当涉及许多利益相关者时，复杂性也会出现。随着参与人数的增加，复杂性往往也会随之增加。

最后是规模问题。即使最复杂的问题也可以被分解成一些本身简单明了的小任务。从某种意义上说，这正是在 Scrum 框架中所做的事情：一个大问题被分解成一系列小问题，每一个小问题都可以被纳入一个 Sprint。这些小问题又被分解成更小的问题，它们代表了 Sprint Backlog 上的事项。有时候，我们看到的只是 Sprint Backlog 上比较简单的任务，以此来得出问题并不复杂的结论，忽略了大局。

当考虑到这些因素时，我们坚信：在现代工作场所面临的大多数问题都是复杂的，并以某种形式受益于经验主义。少数的例外情况通常是，由重复性任务组成的工作，其中每个任务都可以在不与他人协调的情况下成功完成。当有疑问时，最好假设它具有复杂性，并使用这些经验主义方法，如 Scrum、Kanban、DevOps 或极限编程。如果问题真的很简单，你很快就会发现，经验主义方法并不能产生新的见解或有用的调整。在这种情况下，经验主义方法中没有用的决定也是经验性的。它还有助于避免一开始假设某些事情很简单，结果发现它并不简单，不得不重新思考你的整个方法和你创造的期望。

关于如何区分简单和复杂问题的更详细的分析，以及推荐的方法，可以在 Ralph Stacey[1]、Cynthia Kurtz 和 Dave Snowden[2] 的著作中找到。

---

[1] Stacey, R. 1996. *Complexity and Creativity in Organizations.* ISBN: 978-1881052890.

[2] Kurtz, C., and D. J. Snowden. 2003. "The New Dynamics of Strategy: Sense-making in a Complex and Complicated World." *IBM Systems Journal* 42, no. 3.

现在怎么办

当团队失去对 Scrum 框架的关注，或者不理解 Scrum 框架的目的时，就会发生僵尸 Scrum。这就是为什么我们用这一章来解释 Scrum 框架如何帮助团队驾驭复杂问题的内在风险。它并不是一个你不经思考就可以执行的方法论。相反，Scrum 框架提供了一套最小限度的边界，使团队能够根据经验去处理任何类型的复杂问题。在最简单的形式中，它鼓励团队和与问题有关的这些利益相关者一起，以小步骤协作的方式解决复杂的问题。每一步都被用来了解他们还需要什么，验证假设，并对下一步做出决定。

的确，Scrum 框架很容易学习，但要掌握它很难。使用 Scrum 框架的每一次旅程都是从某个地方开始的。无论你的起点是什么，学习如何使用 Scrum 的最好方法就是实践。当你牢记 Scrum 框架的目的时，它的迭代和增量的性质是学习和改进的好工具。虽然这个历程可能很艰难，甚至有时看起来是不可能的，但随着时间的推移，改进是会发生的。值得庆幸的是，全球有一个庞大而充满激情的 Scrum 工作社区，随时准备帮助你。当然，还有这本书。在接下来的章节中，我们将详细地探讨僵尸 Scrum 的症状和原因，并提供实用的实验来帮助你恢复。

第 2 部分

构建利益相关者所需

第 5 章　症状和原因

戴着太阳镜和半包创可贴，罗杰 (Roger) 可以冒充人类了。

——Nadia Higgins, *Zombie Camp*

在本章中：

- 探索一些僵尸 Scrum 的常见症状，这些症状与是否构建利益相关者需要的东西有关。
- 探讨利益相关者没有参与的原因和理由，目的是了解为什么会发生这种情况。
- 了解在健康的 Scrum 团队中，利益相关者的参与应该是什么样的，以及为什么与利益相关者的紧密合作是成功的先决条件。

实践经验

　　Janet 是一家保险公司的软件开发人员。她的团队在半年前采用了 Scrum。在 Sprint Planning 上，Product Owner 解释了开发团队接下来需要做什么。团队在两周的 Sprint 时间内完成工作是非常重要的。如果不这样做，计划就会被打乱，因为 Product Owner 已经把所有的 Sprint 规划到了明年。

　　在每一个 Sprint，Janet 都会忙于工作在 Sprint Planning 里被分配到的事项上。她每天对抗无聊的 Daily Scrum。在 Sprint Review 期间，开发团队会向 Product Owner 展示所取得的成果。Product Owner 在方框上打对钩，然后下一个 Sprint 开始。团队感觉很好，他们交付了 Product Owner 要求的一切。然而，Janet 忍不住想："也许我们忽略了更多的东西。"

　　因此，在去年秋天的一次团队会议上，她说产品的用户界面看起来过时而复杂。坦率地说，即使不得不用，Janet 自己也讨厌使用它。她说出心中的疑惑，用户是否可以接受，并建议让用户更多地参与开发。Product Owner 斥责了她的想法。作为 Product Owner，他负责将销售、支持和管理部门提出的许多功能需求转达给开发团队。真的没有必要和用户交谈。另外，支持部门从来没有转达过任何关于界面的抱怨。他提醒她，他们是在一家专业保险公司工作，而不是在一家时髦的初创公司工作。从那一刻起，Janet 不再询问关于用户的问题，而是简单地按照要求去做。

这个案例说明了很多僵尸 Scrum 团队都熟悉的模式。开发团队没有与实际的利益相关者（如用户和客户）紧密合作，而只是交付 Product Owner 所指示的东西，而且 Product Owner 只是简单地翻译销售或市场部交给他们的需求。Scrum 团队大多不知道在 Sprint 结束后它们的工作产出会发生什么，更不用说如何影响用户了。在本章中，我们将探讨僵尸 Scrum 最重要的症状之一：没有构建利益相关者需要的东西。

它到底有多糟糕？

我们正在通过在线症状检查工具（scrumteamsurvey.org）持续监测僵尸 Scrum 在全球的传播情况。在编写本书时，在参与过该调查的 Scrum 团队中：[*]

- 65% 的团队在 Sprint 期间与其他部门（如法律、市场、销售）几乎没有互动；

- 65% 的团队拥有很少拒绝工作或说"不"的 Product Owner；

- 63% 的团队从不或很少从 Product Backlog 中删除项目；
- 62% 的团队在 Sprint 期间看不到开发团队和利益相关者之间的频繁互动；
- 62% 的团队的 Product Owner 是唯一与利益相关者互动的成员；
- 60% 的团队的唯一的 Product Owner 无权决定如何使用预算；
- 59% 的团队的 Sprint Review 只有 Scrum 团队参加（没有利益相关者参加）；
- 53% 的团队的唯一的 Product Owner 没有或很少让利益相关者参与排序或更新产品待办列表。

---

* 百分比代表了在 10 分制中获得 6 分或更低分数的团队。每个主题都用 10 ～ 30 个问题来测量。结果代表了 2019 年 6 月至 2020 年 5 月期间在 scrumteamsurvey.org 参与自我报告调查的 1 764 个团队。

为什么还要让利益相关者参与

　　组织只有为商业、社会环境提供有价值的东西，才能继续生存。无论它们是商业企业、非营利组织还是政府机构，都无关紧要。这听起来很显而易见，对吧？但不知为何，我们忘记了这在日常工作中的意义。为什么在许多组织中，无论规模大小，真正从事产品的人（设计师、开发人员、经理、测试人员等）很少与实际的利益相关者交谈？隐藏在层层"组织脂肪"（销售、市场、客户经理、项目经理）的背后，利益相关者已经成为一个抽象的概念。

谁是真正的利益相关者

你应该让利益相关者参与进来，这听起来很显然，但他们是谁呢？我们说的是用户吗？客户？内部或外部客户？产品经理？虽然有些组织专门为外部客户工作，但许多组织内部有一些人也参与决定什么是有价值的。而在另外一些组织中，如非政府组织和政府机构，员工对"客户"一词并不熟悉。

为此，Scrum 指南特意谈道："利益相关者"指的是与产品有利益关系的所有人。特别是在僵尸 Scrum 中，我们看到很多例子，利用"利益相关者"的模糊性，让团队相信只和内部利益相关者、领域专家或中间人交谈才是 Scrum 的目的，而那些购买或使用该产品的人与此无关。

而这是一个严重的问题。在产品开发中，我们要平衡用户和客户的视角与商业视角。如果只关注其中一个，就会引起一些麻烦。然而，在我们合作过的几乎所有僵尸 Scrum 团队中，客户和用户的利益都没有得到充分的体现。这种不平衡很容易导致在本书中看到的许多症状。

本书的这部分内容是关于在正确的时间引入正确的人。这些人在产品交付时有所得，而在产品不交付时有所失。引入他们是降低构建错误产品风险的最好方法。

尽管将许多人纳入产品开发并简单地称之为"利益相关者"是很容易的，但要找到那些与你的产品有实际利害关系的人要困难得多。我们发现以下问题有助于发现他们是谁。

- 这个人是否经常使用或将要使用产品？

- 这个人是否对产品的开发进行了大量投资？

- 这个人是否在你的产品所要解决的问题上有大量的投入？

你会注意到，这些问题都是关于价值的。利益相关者是帮助你决定下一步做什么才有价值的人，因为对他们来说，获得时间或金钱的投资回报很重要。其他所有人都是你的"听众"。这可能包括领域专家、中介机构，以及其他对你的产品感兴趣但其个人利益与产品无关的人。你可以很高兴地邀请他们一起来，但你要关注你的利益相关者。自然，这种观点强调的是使用你的产品的人（用户）和为产品付费的人（客户）的参与。这些群体往往是重叠的。

要想从僵尸 Scrum 中恢复过来，首先要找到合适的利益相关者，并不断完善谁是真正的利益相关者以及谁不属于这个群体。

验证假设的价值

正如在第 4 章中探讨的那样，产品开发是一项复杂的工作。这项工作的内在特点是，团队要对利益相关者的需求，以及如何最好地满足这些需求，或者对什么是有价值的东西做出许多假设。每一个假设都有出错的风险。因此，我们不是在开发的最后阶段验证这些假设，因为当它们被证明是错误的时候，我们已经损失了大量时间和金钱，我们应该通过早期和经常验证假设来降低这种风险。这种方法意味着要回答以下问题。

- 人们是否了解如何使用这个新功能？
- 该功能是否真正解决了它所要解决的问题？
- 这个字段的描述是否合理？
- 这个需求变更是否能提高转化率？
- 当实现这个功能时，是否确实减少了执行某项任务的时间？

Scrum 框架促进协作，为验证这些假设的过程奠定了最基本的要素。通过频繁地交付产品的增量版本，开发人员和利益相关者可以就什么是有价值的及如何构建它进行重要的沟通。"以这种方式实现的功能，是否能帮助你解决问题？""为了让这个功能更有价值，我们可以做些什么？""当你看到这个功能时，你会冒出哪些新的、有价值的想法？"这些都是你希望开发人员和利益相关者谈论的内容。

检视 Sprint 交付的产品的增量，这是你的产品反馈循环结束的地方。此时，Scrum 团队检查产品增量与目标是否一致。检视可工作的增量可以让所有在场的人看同样的东西，以同样的方式理解它，并说同样的语言。如果没有这一步，对话必然会停留在理论上和表面上，交付利益相关者真正需要的产品就会变得更加困难。

为什么没有让利益相关者参与进来

如果让利益相关者参与是如此重要，那么为什么在患有僵尸 Scrum 的组织中，这种意见没有更多地被采纳呢？导致这种困境的原因有很多，接下来探讨最常看到的原因。当你意识到了原因，就更容易选择正确的干预和实验。理解它还能让你建立对僵尸 Scrum 的同理心，尽管每个人的出发点都是好的，但它经常会出现。

好吧，新兵！现在我们终于要进入正题了……抱歉，这是僵尸 Scrum 的核心。交付价值和让利益相关者参与进来才是真正的骨头……对不起，是心脏（核心）……我今天是怎么了？这些都很重要。我们会帮你找到失

踪的利益相关者的症状，这样你就可以安全地进行几项实验了。断一条腿！或者说祝你好运，别被咬了！

我们并不真正了解我们的产品目的

在僵尸 Scrum 环境下运作的 Scrum 团队很少能清楚地回答是什么让它们的产品有价值。它们不知道产品如何帮助它们的利益相关者，也不知道如何让产品更具有吸引力。它们也不知道产品如何帮助组织实现其使命。如果不了解产品的目的，Scrum 团队怎么能把重要的工作从所有潜在的工作中分离出来？相反，它们只关注构建产品的技术部分，而不是理解为什么这些工作实际很重要。就像没有方向感的僵尸一样，许多僵尸 Scrum 团队努力工作，却一无所获。

需要注意的迹象

● 当被要求完成"这个产品的存在是为了……"这句话时，没有人（包括 Product Owner）能给出有意义的回答。

● 当你从团队的看板上选取任何一个任务时，除了"他们让我们这么做的"之外，团队中没有人能够清楚地解释为什么这个任务对利益相关者很重要，以及它能满足什么需要。

- 在团队工作的环境中，没有任何工件与产品的愿景或目的关联，或者这个产品根本就没被提到过。
- Product Owner 很少或从不对 Product Backlog 中建议的项目说"不"。Product Backlog 非常长，并且还在不断增加。
- Sprint 目标要么完全缺失，要么根本没有说明为什么这个 Sprint 对利益相关者有价值。
- 当被问到这个问题时，Product Owner 无法用"首先我们通过做这个……来提供……价值，其次是……，这样我们就可以做……"来讲述 Product Backlog 上的事项是如何排序的。

Product Owner 的角色是持续地根据利益相关者的反馈和环境中发生的事情做出关于产品的决策。许多不同的选择（想法、建议和机会）都会出现。Product Owner 应该会问自己以下问题。

- 它是否符合产品的目的或愿景？
- 它是否符合我们组织的使命？
- 它是否符合大多数利益相关者的要求？

- 它是否足够完整，但又不至于太复杂而使产品杂乱无章？

当 Product Owner 试图平衡预算和时间与每个需求产生的价值时，这些问题中的许多部分都需要用响亮的"不"来回答。这些都是艰难的决定，可能会让提出这些需求的人失望。在没有清楚了解产品（需求）目的的情况下，Product Owner 和他们的 Scrum 团队如何做出这些艰难的决定？

一个产品的目的或愿景不一定要很花哨，也不一定要有惊人的创造性，但它应该解释它在这个时刻主要是为了及时满足利益相关者的哪些需要，产品战略要描述这些要求将以何种顺序得到解决，以及需要做什么工作来实现这些要求。显然，在开发产品的过程中，随着新见解的出现，产品按照什么优先级和要做什么工作都需要不断调整和完善。但可以将它们作为衡量标准，来决定产品应该包含什么，不应该包含什么。

如果没有目的或策略，Scrum 团队就会以打鸡血的开发方式结束，在这种情况下，任何事情都会发生。所有的工作都变得同样（不）重要。你最终会得到一个庞大且不断增长的 Product Backlog。更糟糕的是，你会在一个臃肿的、过于复杂的产品上浪费大量的时间和金钱，而这些过于复杂的产品会被利益相关者抛弃，以支持更精炼的替代品。

试试这些实验，和你的团队一起改进（见第 6 章）：

- 阐述期望的成果，而不仅是将工作完成；

- 启动一次利益相关者寻宝活动；

- 限制 Product Backlog 的最大长度；

- 在生态环图上绘制 Product Backlog；

- 将产品目的（目标）挂在团队附近。

我们对利益相关者的需求进行假设

作者之一曾经指导过一家中等规模的公司，该公司的 CEO 自豪地吹嘘说，他比利益相关者更了解他们需要什么。对他来说，让利益相关者参与进来并不重要。想到该公司的市场份额正在被提供更多创新解决方案的竞争对手蚕食，这一点颇具讽刺意味。

我们在僵尸 Scrum 的组织中经常听到这样的感慨："我们知道人们想要什么，所以我们会把产品发布出去，他们会喜欢的。"

需要注意的迹象

- 团队不会花时间去探索方法、工具和技术来验证它们与利益相关者正在做的事情；
- Sprint 的目的从来都不是测试那些可以帮助利益相关者（或增加更多价值）的假设；
- 每当利益相关者参与到 Sprint 或 Sprint Review 中时，只告知他们已经完成了什么，他们不被邀请实际操作使用产品；
- 尽管一开始对新功能赞誉有加，并寄予厚望，但它在发布后却以失败告终。

像以上这样的说法通常是由 Product Owner 做出的，他们与利益相关者没有沟通联系。相反，他们仅凭自己的直觉和假设。但这种态度忽略了产品开发的复杂性，因为他们做出了三个错误的假设：

- 你完全了解你的利益相关者想用产品解决什么样的问题；
- 你曾经已经识别出来的功能并没有变化；
- 让利益相关者参与进来并不能助你取得更大的成功。

一个产品的好坏程度只能由利益相关者决定。只有当他们把钱放在桌子上时，你才知道他们是否愿意为它付费，或者花时间来使用你的产品。Scrum 框架的设计就是为了帮助你在使用过程中验证这些假设，而不利用它就会带来风险。

Sprint Review 就是体现这种信念的一个很好的例子。当 Product Owner 或整个 Scrum 团队确信自己知道利益相关者想要什么时，就可以不需要让他们参与进来。而当利益相关者真的来参与时，就只是告诉他们发生了什么，也不去实际验证团队的产出是多么有意义。

无论你在哪个公司工作，或者你所处的是什么环境，没有理由不去验证你花费的时间和金钱是否真的值得。一起和他人经常去消除或改变一切阻碍这种做法的因素。

试试这些实验，与你的团队一起改进（见第 6 章）：

- 邀请利益相关者一起参加"反馈派对"；
- 给利益相关者一个邻近 Scrum 团队的办公桌；
- 来一次游击测试；
- 体验一次用户旅程；
- 启动一次利益相关者寻宝活动。

我们在研发团队和利益相关者之间拉开距离

如果我们向每个没有实际接触用户的僵尸 Scrum 团队收取 1 便士，那么应该早可以购买僵尸专用治疗仪 Brain X-Tractor 3000 了（而不是上周才购买，因为那时已经太晚了）。对于这些团队来说，利益相关者通常是提出业务需求的人。这些人通常是项目经理、业务分析师、部门主管，或者母公司的某些人。然而，当你沿着这条需求链条往上寻找时，你往往会发现，被贴上利益相关者标签的人与真正使用产品的人相隔四五个步骤。他们并不对正在解决的问题负责，而只是在需求链条上的"传话筒"游戏中传递一个荒谬需求的一环（见图 5.1）。

图 5.1 "传话筒游戏"破坏了传统组织中的交流，使用产品的人和开发产品的人之间有许多"环节"

需要注意的迹象

● 很多人都在谈论"内部利益相关者"和他们需要什么，但很少谈论实际的产品用户（"真正的"利益相关者）。

● 使用产品来解决他们所面临的挑战的人从来没有参加过 Sprint Review。相反，参加 Sprint Review 的是组织内部与产品有利害关系的人，如产品经理、销售和市场人员或 CEO。

● 当要求开发团队的人说出一个真正使用或将要使用该产品的人，你得到的只是一个空洞无神的眼神。

这个链条有其优点。在一个按照职能角色工作的组织中，它是有意义的，因为它清楚地定义了哪个职能角色负责哪些类型的风险。在沟通的方式、时间和对象上，它也是相当可预测和标准化的。但这也有明显的缺点，特别是在处理那种问题不明确，也没有现成解决方案的情形时。在这个过程中，你必须弄清楚这两者。为了使这种"共同发现"成为可能，拥有问题的人和解决问题的人需要经常合作。

如果这样的沟通链是由组织强制执行的（通常是这种情况），就会极大地阻止这种协作。这条链上的每个人很可能有更多为其他项目和其他利益相关者做的工作。因此，在利益相关者和开发者之间不断地转达反馈、想法和信息，这会造成过大的开销。反馈最终会被分成月度或季度会议，或者干脆得不到鼓励。结果，在这些组织中形成的职能"筒仓"将使用产品的人和开发产品的人拉开了距离。如果团队举行了任何形式的 Sprint Review，最终参与评审的人都不能就他们使用产品的体验提供有意义的反馈，也许检查框被打上了钩，文档被更新，但对产品的可用性没有任何深入的洞察，也没有关于未来发展方向的讨论。在几次 Sprint 之后，团队仅交付了一些价值可疑的东西。然而，团队对它们的表现感到很有信心，因为被它们称为利益相关者的人很高兴事情正在按照他们的计划进行。

试试这些实验，和你的团队一起改进（见第 6 章）：

- 给利益相关者一个邻近 Scrum 团队的办公桌；
- 用利益相关者距离测量尺来构建团队透明度；
- 进行一次游击测试；
- 体验一次用户旅程。

我们观察到很多企业将"业务"和"IT"视为独立的部门

僵尸 Scrum 的一个重要原因在于许多组织在"业务"和"IT"之间划出了一条界线。通常,"IT 人员"包括所有具有软件和硬件知识的人,如测试人员、开发人员、支持员工、架构师和 IT 经理。另外,"业务人员"是从事销售、营销或管理的人(见图 5.2)。他们通常扮演需求的"内部利益相关者",为实际的、外部的利益相关者服务。

图 5.2　虽然同属于一个公司,但是"业务"和"IT"不知何故划清界限,被分成独立的两个部分

需要注意的迹象

● 人们把"业务"和"IT"作为独立的部门或独立的视角来谈论。

● 有很多负面的八卦。人们抱怨"IT 部门从来没有完成过任何事情"或"业务部门总是希

> 望昨天就能把事情完成"。
>
> - "IT 人员"与"业务人员"在不同的部门甚至不同的大楼中工作。

"业务人员"和"IT 人员"经常根据他们的职能角色和所负责的风险子集划分，通过合同和文档的形式进行"合作"。在关于成本和需求的艰难协商中，实际的利益相关者被忘在了一边。组织内部形成了明显的裂痕，你开始听到这样的话："如果你想完成任何事情，就不要和 IT 部门沟通""业务部门总是在改变它们的想法"。

这种"IT"和"业务"分离的结果之一是，它鼓励 Scrum 团队关注"内部利益相关者"的需求胜于组织的客户和产品的用户的需求，而且"业务"开始相信他们是产品客户的代表，代表真正的客户购买产品。另一个结果是"业务人员"和"IT 人员"之间深深地互不信任，这使沟通更加艰难，彼此之间的契约协定变得更广泛。由于整个周期花费的时间太长，人们不再做出努力，重要的商业机会没有被及时开发利用。

马克·安德森（Marc Andreessen）在 2011 年说："软件正在吞噬世界"[1]，当时他观察到越来越多的组织，无论其所

---

[1] Andreessen, M. 2011. "Why Software Is Eating the World." *Wall Street Journal*, August 20. Retrieved on May 27, 2020, from https://www.wsj.com/articles/SB10001424053111903480904576512250915629460.

在的部门还是行业，都依赖软件来执行其主要流程并保持竞争力。把"IT"和"业务"区分对待就像争论你是需要大脑还是智慧来解决难题一样没有意义，这两者你都需要。不幸的是，患有僵尸 Scrum 的组织坚持这种毫无意义的划分，这些还积极地阻碍了为实际利益相关者提供价值。

试试这些实验，和你的团队一起改进（见第 6 章）：

● 给利益相关者一个邻近 Scrum 团队的办公桌；

● 用利益相关者距离测量尺来构建团队透明度；

● 体验一次用户旅程；

● 启动一次利益相关者寻宝活动。

我们不允许 Product Owner 真正拥有产品

在患有僵尸 Scrum 的组织中，Product Owner 只是将需求转化为 Product Backlog 的条目，对 Product Backlog 中的内容和排序没有什么发言权。他们扮演着"接单人"的角色，没有实际的所有权或授权（见图 5.3）。每当需要对 Product Backlog 上的内容和排序做出决定时，他们要么根本不做决定，要么必须听从组织架构中更高层次的人的意见。

图 5.3 当 Product Owner 充当"接单人"时，他们无意识地将利益相关者的需求转给开发团队

需要注意的迹象

- 在 Sprint Review 中，Product Owner 会收集带有反馈的便笺，但是其他人决定这些想法是否会真的实现。

- 当开发团队认为产品可以发布时，Product Owner 还需要征求整个指挥系统的同意，这使得在 Sprint 期间不能实现多次发布。

- 当 Product Owner 被问到 Sprint 的结果产生了多少实际价值时，他一无所知。

这种缺乏自主权的情况很奇怪，因为 Scrum 指南指出：

"Product Owner 负责将 Scrum 团队的工作所产生的产品价值最大化。"[1] 当 Product Owner 不能在 Product Backlog 的内容和排序上起到积极决定性的作用时，他们几乎不可能将价值最大化，反而将重点转移到尽可能多地完成工作。不幸的是，与投入的资金和努力相比，这样做工作的价值是值得怀疑的。

当 Product Owner 按照预期履行他们的角色时，就变成了"订单制造者"。如果他们想把许多潜在的利益相关者的大量需求和要求过滤成一个有用和有价值的产品，就必须这样做。由于预算和时间固有的局限性，Product Owner 必须与利益相关者密切合作，决定什么是重要的，什么是不重要的。如果没有授权，他们根本无法做出这些决定，或者将花费很长的时间来驾驭组织的等级制度和内部政策。当他们是"订单制造者"时，Product Owner 真正地最大化了"不需要做"的工作。

试试这些实验，和你的团队一起改进（见第 6 章）：

- 限制产品待办列表的最大长度；
- 在生态环图上绘制 Product Backlog。

---

[1] Sutherland, J. K., and K. Schwaber. 2017. *The Scrum Guide.* Retrieved on May 26, 2020, from https://www.scrumguides.org.

我们衡量产出高于价值

到目前为止，僵尸 Scrum 的一个根本原因是，它专注于完成尽可能多的工作（产出），而不是判断这些工作对利益相关者的价值（成果）。这一症状也表现在 Scrum 团队如何汇报它们的工作上，并经常被放大。

需要注意的迹象

- Scrum 团队汇报的指标反映了正在完成的工作的数量，如速率（velocity）、完成的事项数量或修复的缺陷数量。

- Scrum 团队使用的指标中没有体现出它们工作的价值，例如，质量或性能如何提高，或者工作如何得到利益相关者的肯定和赞赏。

- Scrum 团队之间总是积极地去比较它们的产出，（含蓄地或明确地）被告知要更加努力工作。

当你考虑到如何组织工作背后的指导思想时，这种对衡量产出的关注就能被理解了。当组织按照职能角色设计工作时，它们往往想衡量这些角色是如何完成工作的。销售挖掘了多少潜在客户？项目管理部门按时交付多少个项目？支持部门接听处理了多少支持请求？对于 Scrum 团队来说，这就转化为它们在一定时间内能完成多少工作。

该衡量的目的是通过调整各个组成部分（人员、团队、部门）的效率来提高整个组织的效率。这里的假设是，当单个组成部分变得更有效率时，整个系统的效率就会提高。虽然这可能适用于工作可预测和遵循固定流程的环境，如装配线和机械制造过程，但对于复杂的环境来说，它并不适用，因为在这种环境中，交付价值所需的合作程度要高很多。

在复杂的环境中，关注单个组成部分（人或团队）的效率实际上会减少整体产出，因为它试图让每个组成部分尽可能地忙碌。而这也破坏了组织内部以及与利益相关者的协作。在第 9 章中，我们将分享更多有用的指标。

> 试试这些实验，和你的团队一起改进（见第 6 章）：
>
> ● 将产品目的（目标）挂在团队附近；
>
> ● 限制产品待办列表的最大长度；
>
> ● 阐述期望的成果，而不仅是将工作完成。

我们相信程序员应该只写代码

在僵尸 Scrum 中，程序员通常被鼓励专注于编写代码，而其他人则与利益相关者一起工作，或者，程序员自己宣称他们"只在这里写代码"，其他任何事情都被认为是浪费时间（见图 5.4）。

图 5.4 "我只是来写代码"的态度是避免处理真正的利益相关者烦心事的好方法

需要注意的迹象

- 开发人员不参加 Scrum 事件或其他聚会，因为这会占用写代码的时间。
- 开发人员被认为缺乏与利益相关者进行交流所需的社交技能。
- 开发人员的工作描述中只提到了技术能力，而没有提到与利益相关者一起创造有价值的产品。

这种工作与服务对象脱节的情况，在按照职能角色划分的组织中是讲得通的。开发人员的招聘完全取决于他们写代码的能力，能够与利益相关者合作的能力不是工作要求。然而，当你做像开发产品这样复杂的事情时，这正是你所需要的协作。

"我只是来写代码"的态度是僵尸 Scrum 的心理推手。它鼓励大家拒绝承担其直接职能职责之外的任何事情的责任。它也为开发人员和其他角色描绘了一种刻板印象，认为他们没有能力与利益相关者沟通。

敏捷软件开发将开发人员的责任从编写代码转移到与利益相关者合作解决复杂问题。其他专业也是如此，如 UI/UX 专家、系统架构师、数据库管理员等。团队作为一个整体对产品负责，而不是集中于个人角色职责。

试试这些实验，和你的团队一起改进（见第 6 章）：

● 体验一次用户旅程；

● 邀请利益相关者一起参加"反馈派对"；

● 给利益相关者一个邻近 Scrum 团队的办公桌。

我们有不想参与的利益相关者

Scrum 团队有时会避免让利益相关者参与，因为不想打扰他们。这里的一个主观假设是，提问被视为不专业的、没有经验的，或者在浪费利益相关者的宝贵时间。利益相关者有时会使用类似的说法："你们是专业人士，去把它搞清楚吧"。

需要注意的迹象

● 利益相关者始终没有时间来参加 Sprint Review。

● 在最初的需求说明会后，客户公开质疑为什么他们在开发过程中需要参与。

● 当开发团队的成员要求澄清需求或对某项功能有疑问时，利益相关者会把他们指向需求规格说明书。

作者之一曾经参加过一次启动会，会上一位关键的利益相关者（支付研发费用的客户）指出，他不需要参与为他所定制的产品的开发。他认为他已经充分地向 Product Owner 介绍了情况，只是期待团队交付优秀的成果。Scrum 团队巧妙地回答了这样的问题："是什么让你确信你的利益相关者会对你描述的产品感到满意？""你有多确定我们现在所想的解决方案也是最好的？""你会排除开发过程中出现的新的、有价值的想法吗？"作为一个实验，利益相关者同意加入前三次 Sprint Review。尽管最初的两次 Sprint Review 没有带来任何引人注目的变化，但第三次 Sprint Review 产生了一个全新的功能，并被推到了 Product Backlog 的顶端。它使利益相关者相信参与其中有巨大的价值。

帮助这个 Scrum 团队说服利益相关者的原因是，他们有能力在每个 Sprint 中交付一个已经完成并可发布的增量。因为每个 Sprint 都有价值交付，所以利益相关者从被邀请出席会议转变为强迫 Scrum 团队去出席会议，这有助于他们从投资中获得更大价值。每个 Sprint Review 都为他们提供了一个增加新想法的机会，并与团队一起进行需求调整，随时了解正在发布的内容和时间。在接下来的 Sprint 中，越来越多的利益相关者（包括许多用户）开始出于同样的原因参加 Sprint Review。

不幸的是，患有僵尸 Scrum 的团队在 Sprint 结束时往往没有什么可展示的。即使它们有一个"完成"的增量，它们的工作仍然需要几个月的时间才能完成。在这样的拖延下，谁能指责利益相关者没有意识到出席的必要性呢？所有的即时性和紧迫感都消失了，因它们必须等待很长时间才能在发布的内容中显示出它们（产品）的影响力。我们很容易理解为什么它们宁愿等到即将发布，甚至发布之后才给出反馈。

产品开发的复杂性在于问题和解决方案的不确定性。正如这个例子所指出的，在这个例子中我们需要 Scrum 团队更好地解释从这种协作方式中所获得的好处。反过来，只有当 Scrum 团队能够快速交付并响应利益相关者的反馈时，这种方法才能发挥作用。如果利益相关者很难抽出时间来参与，就需要采取其他更实用的办法。例如，在利益相关者所在的地方组织 Sprint Review，或者通过电话会议让他们参与进来。

试试这些实验，和你的团队一起改进（见第 6 章）：

● 给利益相关者一个邻近 Scrum 团队的办公桌；

● 阐述期望的成果，而不仅是将工作完成；

● 启动一次利益相关者寻宝活动；

● 进行一次游击测试。

健康的 Scrum

正如在本章中看到的，在僵尸 Scrum 环境中运作的 Scrum 团队并不了解它们的利益相关者，也不知道什么对它们有价值。当组织按照职能角色安排工作时，当它们关注这些角色如何完成工作的效率时，就会产生这种距离。相比之下，健康的 Scrum 团队更关心它们的工作有多有效。也就是说，团队为利益相关者和它们工作的组织带来了多少价值。如果不与实际的利益相关者进行密切和频繁的合作，它们就无法做到这一点。

谁应该了解利益相关者

在传统的组织结构中，利益相关者的联系人可能是产品经理或销售人员。当这些组织转向 Scrum 框架时，它们通常让 Product Owner 负责与利益相关者联系，但这会导致错失与团队一起协作探索的机会。

了解利益相关者是整个 Scrum 团队都应该参与的事情。尽管 Product Owner 会很自然地花更多的时间与利益相关者团队一起确定产品中需要什么，以及以什么优先级进行，但这些讨论理应包括整个开发团队。

我们想要阐述的是，Product Owner 是一位不断地帮助利益相关者确定价值和重要性的人。不是将这些价值判断转化为开发团队的详细规格说明书，而 Product Owner 应该创建一个 Product Backlog，本质上它是一个在开发团队、Product Owner 和相关的利益相关者之间用来沟通的事项列表。这些排列在 Product Backlog 顶端的事项就是最先应该讨论的，后续再讨论其他事项。

不管是什么情况，每次讨论都会对将要做的需求项细化，这可能导致对 Product Backlog 或其排序的改变。团队可以通过白板上画的工作流程、纸上的笔记清单、在工具中更详细的描述或现场人员头脑中的美好回忆来获取信息。但关键是，最好的产品是在开发人员和利益相关者一起工作时共创的。任何妨碍这种互动的事物都应该被移走。其目的不是需求规格说明书，而是讨论。

这种方法使 Product Owner 更像是开发团队和利益相关者之间互动的引导者。没有一个 Product Owner 能独自通晓其所在的竞争领域，不管他们有多么优秀或聪明。相反，他们可以利用整个 Scrum 团队的智慧来阐明需要什么、如何完成，以及以什么优先级进行。

何时让利益相关者参与进来

Scrum 团队应该何时让它们的利益相关者参与进来？健康的 Scrum 团队会在不同的时间以不同的方式让他们参与进来。

让利益相关者共同参与制定产品目标（目的）

在本章中，我们解释了缺乏愿景和目的是如何导致我们难以向利益相关者提供有价值的成果的症状。从澄清产品目标（目的）作为开始是有意义的。对于 Product Owner 来说，这是一个很好的机会，可以把利益相关者和构建产品的人的观点结合起来，以创造清晰的产品目标。可以采取工作坊、峰会或在线会议的形式。尽管"澄清目的"看起来很复杂，但它基本上可以归结为来完成"本产品的存在是为了……"和"本产品的存在不是为了……"这样的陈述。

考虑到产品开发的复杂性，随着工作的进行和新机会的形成，对产品目的的理解会随着时间的推移而改变，这是很自然的，因此要定期调整产品目标（目的）。

在产品开发启动仪式上让利益相关者参与进来

邀请利益相关者参加产品开发的启动仪式，是从一开始就让团队根深蒂固地关注价值的好方法。这里的目标是打造开发产品的人和使用它、为它付费或依赖它的人之间的合作基础。因此，与其打开一堆 PPT，不如专注于引导一个高效互动的会议。使用各种引导游戏，让人们相互了解。关注人们对产品和彼此的期望。

在 Sprint Review 期间让利益相关者参与进来

大家公认的邀请利益相关者的时刻是在 Sprint Review 期间。由 Product Owner 来决定谁或哪些团体可以创造最大的价值。如果你有很多利益相关者，邀请一个有代表性的利益相关者。这里的目标是让利益相关者积极参与，不要让他们坐在那里听你说。把鼠标和键盘递给他们，让他们试用一个新功能。问他们功能是否符合他们的要求，他们希望看到什么改进，或者他们有什么新的想法。

Sprint Review 的目的不仅是演示新功能和收集反馈。Scrum 指南用一句话就清楚地解释了它的目的："Sprint Review 在 Sprint 快结束时举行，用以检视所交付的产品增量并按需调整 Product Backlog"。[1] 这意味着 Sprint Review 是一个最好的时刻，可以反思开发团队构建了什么，以及这对未来的 Sprint 意味着什么。在 Sprint Review 中收集到的反馈很可能会影响 Product Backlog 上的内容，或者它的优先级顺序。好好利用这个机会，不仅检视产品的新版本（"增量"），也检视 Product Backlog。

让利益相关者参与到产品梳理会中来

最好的厨师使用一种叫作"就位（ mise en place ）"的方法。这是一种在烹饪开始前把所有东西都摆放好的做法。食材被切碎，肉被切成薄片，酱汁被调配好。所有的食材都被安排好，以便它们能被轻易地拿到。就位可以帮助厨师应对在专业厨房中处理快节奏工作的压力，让他们专注于烹饪美味的食物。产品开发中的梳理工作就像烹饪中的就位工作。它有助于为即将到来的工作做准备，并使你集中注意力。

梳理的一个示例就是将大块的工作分解成小块的活动。如果我们承担了大块的工作，就很可能遇到不可预见到的问

---

[1] Sutherland and Schwaber, *The Scrum Guide 2020.*

题。我们可能忘记了一些依赖关系，引起代码中的问题，这些事情需要更多的时间来解决。需求块越大，这种风险就越高。出于这个原因，最好将大块的工作分解成许多小块的任务（活动）。

你可以在 Sprint Planning 期间进行梳理。但就像一个厨师在做饭的同时还试图切、剁、准备食材一样，你很快就会发现这种方法是有压力的，让人筋疲力尽。它在 Sprint Planning 中消耗了大家的精力，Sprint Planning 目标：为下一个 Sprint 确定目标，并为此选择所需的工作任务。相反，最好是做好就位工作，在当前 Sprint 中就进行即将到来 Sprint 的梳理工作。当所有的要素都准备好了，Sprint Planning 就会更加流畅和充满活力。有些团队以时间范围的形式举行"梳理工作坊"，整个团队都会参加；有的团队则采用"三个火枪手会议（Three Amigos Sessions）"的形式，由开发团队的三个成员共同梳理将要开发的一个大型功能。如何做完全取决于你自己。

产品梳理会是一个让利益相关者参与进来的好机会。在梳理某个需求事项时，你可以邀请利益相关者参加梳理工作坊，或者拜访利益相关者，与他们对其要求进行面谈，然后一起分解工作。

现在怎么办

在本章中，我们探讨了利益相关者没有充分参与的最常见的症状和原因。没有利益相关者的参与，Scrum 框架是没有意义的，因为没有办法真正知道什么是有价值的。

你是在一个发生这种情况的 Scrum 团队或组织中吗？不要惊慌。下一章中有很多实用的实验和干预措施，你可以用来着手把事情往正确的方向转变。

第 6 章　实验

难道我们都是中世纪黑暗时代的鸟嘴医生[1]，以我们的吸血鬼之名发誓吗？我们渴望一种更伟大的科学。我们希望被证明是错的……

—— Isaac Marion, *Warm Bodies*

在本章中：

- 通过 10 个实验，了解你的利益相关者的需要。
- 了解这些实验对这些幸存下来的僵尸 Scrum 的影响。
- 了解如何操作每个实验以及需要注意的事项。

本章介绍了一些帮助 Scrum 团队建立利益相关者需求的

---

[1] 欧洲中世纪感染病盛行，医生们盛行穿着黑色长袍，头戴宽沿帽，加上脸上的鸟嘴面具，通过这种装扮对抗和预防黑死病。——译者注

实验。有些实验是专门为更好地了解利益相关者的需要而设计的，而有些实验则更侧重于区分哪些是有价值的，哪些是没有价值的。虽然这些实验的难度各不相同，但每一个实验都会使后续的步骤变得更容易。

实验集：了解你的利益相关者

如何帮助 Scrum 团队更好地了解它们的利益相关者在寻找什么？本节包含了4个简单的实验，你可以尝试一下，以行践言。

启动利益相关者寻宝活动

在与利益相关者进行任何互动之前，Scrum 团队需要弄清楚这些利益相关者究竟是谁。本实验通过明确产品的目的，帮助僵尸 Scrum 团队确定关心其产品的人。这是与利益相关者进行互动的第一步。

投入 / 影响比率

投入	★★★★☆	寻找真正的利益相关者需要的时间和精力
生存影响	★★★☆☆	当团队开始了解谁是它们的利益相关者时，向它们交付价值就会逐渐变得容易

步骤

将你的团队召集起来，提出下列问题以了解你的产品的目的。

- 我们正在开发的产品是什么？为什么它需要存在？

- 如果我们停止开发这个产品，我们会失去什么？

- 我们如何证明我们的宝贵时间、金钱和精力是被合理利用？

有很多方法可以让参与者参与到这种对话中。对于这个实验，以及本书中的许多其他实验，建议使用一个或多个释放性结构工具。例如，可以使用"1–2–4–All"，要求参与者对这个问题默默思考 1 分钟。接下来，要求他们两人一组，讨论这个问题 2 分钟，然后加入另一组，再讨论 4 分钟。时间到了，请四人小组与其他所有人分享他们的结果。也可以使用其他释放性结构，如"畅谈咖啡馆"或"金鱼缸会谈"。[1]

在成功地阐明了产品目的之后，看看本章后面的实验"将产品目的（目标）挂在团队附近"，把这个产品目的用好。现在你已经清楚了产品目的，问下列问题来寻找你的利益相关者。

- 谁在实际使用我们的产品？

- 谁从我们的产品中受益？

- 我们解决的是谁的问题？

- 我们如何让这些人参与进来？

---

[1] [法] 亨利·利普曼 诺维奇，[美] 基思·麦坎德利斯. 释放性结构：激发群体智慧 [M]. 储飞，曹宝祯，译. 北京：中国广播影视出版社，2022.

对一些团队来说，回答这些问题很容易。而有些团队则毫无头绪。当团队对此毫无头绪时，建议将问题提升一下。询问团队以下问题。

- 谁告诉我们要做什么工作？

- 谁告诉他们要做什么？

- 在这之前会发生什么？

一旦成功地识别出你的利益相关者，就可以尝试本书的其他实验，开始与他们互动。本章中的"给利益相关者一个邻近 Scrum 团队的办公桌"和"邀请利益相关者一起参加'反馈派对'"，以及第 8 章中的"度量利益相关者的满意程度"都是很好的选择。

我们的研究发现

- 僵尸 Scrum 团队通常对它们的需求从何而来知之甚少。如果你问了上面的问题，很多人会带着困惑的表情耸耸肩。从 Product Owner 开始，看看你能问多少人。如果你不能去得更远，那么就在你的组织内问一问。

- 一旦你开始与他们互动，一些利益相关者就会张开双臂接受你。其他人则会像僵尸 Scrum 团队一样持怀疑态度，看不到好处。找到一种方法来展示和Development Team 更紧密的联系是如何帮助他们的！

用利益相关者距离测量尺来构建团队透明度

　　Scrum Master 能够帮助组织改进的最重要的方式之一是构建透明度。这个实验的目的就是构建 Development Team 和利益相关者之间距离的透明度（见图 6.1），以及阐明因此发生的事情。

图 6.1　定期地测量构建产品的人员与使用或购买产品的人员之间的距离，可以发现关于敏捷性的许多障碍

　　投入 / 影响比率

投入	☆☆☆☆☆	这需要花费多少精力取决于组织的复杂性
生存影响	☆☆☆☆☆	对于症状严重的僵尸 Scrum 团队来说，这可能相当痛苦，但它会在合适的地方受到打击

步骤

利益相关者距离测量尺追踪为了传达一个问题或从实际支付产品或积极使用产品的人那里获得反馈所必须经过的人、部门或角色（"环节"）的平均数量。

1. 从 Product Backlog 中选择代表你的团队所做的工作类型的事项。

2. 每次选择一个事项，画出你必须经过的人员、部门和角色链（或者授权来自……）以便与实际的利益相关者（即积极使用你的产品或对其进行重大投资的人）一起测试这个事项。

3. 对于每一个环节，粗略估计经过这个环节需要多少个小时或多少天。

4. 对于不同种类的事项，重复这个过程几次，然后计算出平均环节数量和每个环节所需的平均时间。为了达到额外的效果，可以计算出花了多少时间和金钱来等待这个流程链的完成。

5. 把环节数量和所需时间清楚地写在大家都能看到的大白板上。为了增加戏剧性效果，可以定期在醒目的门窗或墙上重绘这些数字。

6. 与你的团队讨论一下这个距离的后果是什么，它是如何影响你的团队在正确事情上的工作能力的，有多少钱和时间被浪费了，产生这么远的距离到底是因为出了什么问题。

从僵尸 Scrum 中恢复过来的团队会慢慢扔掉对利益相关者的恐惧。监测恢复情况的一个好方法是定期重新计算利益相关者距离。你可以在 Sprint Retrospective 期间使用它来推动团队对话，讨论如何尽可能地缩短距离。本书中的许多实验可以帮助你做到这一点。

我们的研究发现

- 测量指标本身没有意义，但它们是通过上下文和对话被赋予意义的。确保你与整个团队进行这种对话。你永远不应该用测量指标来判断、比较或评价连你自己都不参与的团队。

- 缩短与利益相关者的距离可能需要你打破现有的、高度复杂的产品开发流程。这取决于你在公司中的位置，打破这个流程可能是不可能的。尽管如此，看看你是否能提高大家对这一问题的认识程度，或者通过与用户交谈，然后尽可能早地参与到关于需求的讨论中去，以规避这个问题。

给利益相关者一个邻近 Scrum 团队的办公桌

利益相关者办公距离太远是他们不能参与进来的一个很好的借口。这个实验将利益相关者拉近，以至于他们无法逃避，从而消除了这个借口。这就像"交友小组心理疗法"[1]，真的，它是取得进展的最有效方法之一。

投入 / 影响比率

投入	☆★★★★	设立办公桌和邀请利益相关者是很容易的。让利益相关者使用该办公桌可能需要更多的努力
生存影响	☆★★★★	这个小小的实验，必然会产生巨大的影响

步骤

要尝试这个实验，请做下列工作。

1. 在 Scrum 团队的附近安放一张桌子，让一个或多个利益相关者可以舒适地做他们自己的工作。摆放一些糖果会有奇效！

2. 当一个或多个利益相关者在为 Scrum 团队工作时，邀请他们使用这张桌子。邀请那些积极使用产品或对产品有重大投资的利益相关者。组织一个简短的活动，让大家互相认识，并明确这个实验的目的。

3. 如果有帮助的话，一起制定一个利益相关者何时到场

---

[1] 交友小组心理疗法（Encounter Groups Therapy）是属于自我发展疗法的一种，它是通过团体帮助来改变当事者不良心理或行为的一种治疗方式。这种治疗方式的目的是让个体在特定的团体中体验、发现自我，并借助自我潜能消除心理症状。——译者注

的时间表，并把它放在 Scrum 团队明显可见的地方。工作契约也有助于平衡重点和交流。

4. 观察接下来会发生什么。

当利益相关者和团队不习惯这种近距离接触时，有些尴尬是很自然的。如果它不能自然地主动发生，就在相关的事件上逐渐把团队和利益相关者联系起来。鼓励团队与利益相关者一起测试业务假设，如一个新的设计或正在开发的功能，或者邀请他们一起工作，为下一个 Sprint 完善工作。

这是一个很好的实验，可以帮助人们理解产品开发的复杂之处。在 Sprint 期间，你一定会遇到许多不可预见的问题。让利益相关者在场可以让你更快地解决这些问题。通过在现场参与还可以让利益相关者提高对所增加价值的理解。

我们的研究发现

- 当 Scrum 团队在做它们的工作时，一些利益相关者认为他们自己几乎贡献不了什么。在提出了他们的需求之后，他们可能更愿意等到产品完成之后再参与。在这种情况下，邀请利益相关者参加一两个 Sprint，之后再决定他们的存在有多大作用，以及他们是否要继续参加。
- 这是一个共同庆祝小成功的好机会。留意这些时刻。

简单地一起吃午饭就已经很有帮助了。

- 你可以通过给 Development Team 提供靠近利益相关者的办公桌来轻松翻转这个实验。本书的两位作者在不同的情况下，安排他们的 Scrum 团队在客户现场工作了一段时间。除了更容易接触到利益相关者之外，仅是共享一台咖啡机、庆祝生日派对和一起吃午饭，就能创造一个富有成效的工作环境。

将产品目的（目标）挂在团队附近

僵尸 Scrum 团队往往出现在这样的环境中：没有任何东西提醒它们的目的并不是"完成所有的工作"或"编写大量的代码"。从僵尸 Scrum 恢复的第一步是改变环境、发出信号并澄清这一目的。

投入／影响比率

投入	☆☆☆☆☆	收集装饰品一般不难，但是创造一个清晰、切实、有说服力的产品目的可能需要更多的努力
生存影响	☆☆☆☆☆	这个实验能引发有意义的讨论、更快的决策，并提高注意力

步骤

要尝试这个实验，请做下列工作。

1.考虑到这是他们团队的房间,你真的想和你的团队一起做这件事。让它们决定如何去做,当它们不做的时候采取主动。这也是一个鼓励 Product Owner 带头的好机会。

2.如果你没有明确的产品目的(宗旨)陈述,就可以使用本章中的其他实验来开始澄清它(如"启动利益相关者寻宝活动")。产品目的陈述不一定要惊天动地,你可以随着时间的推移而逐步完善它。

3.你一旦让产品目的在团队房间里显而易见,就可以开始在你和团队的日常对话中慢慢地使用它:"产品待办列表中的这个条目是如何帮助我们实现这个目的的?""如果我们牢记产品目的,我们应该放弃什么?""考虑到我们的产品目的,下一步该怎么走?"

用产品目的来装饰团队房间的方式有很多:

- 订购印有产品目的的咖啡杯;
- 笔记本电脑贴纸,卷轴横幅,聚会旗帜,定制纽扣,或者其他任何团队喜欢的、能体现产品目的的材料;
- 在横幅上写下产品的目的("本产品的存在是为了……"),并把它放在 Sprint Backlog 或 Scrum Board 的上方或下方;
- 创建一个"用户说"墙,上面有真实用户的照片和关于该产品为他们带来的好处的评论;

- 选择一个团队名称或鼓舞人心的座右铭，以抓住产品的目的。

我们的研究发现

- 在僵尸 Scrum 症状严重的环境中，"目的"只是词汇表中的一个词，这类实验可能会被视为"不必要"或"荒谬"，这是可以理解的。要有些弹性，这样即使最愤世嫉俗的成员也会开始欣赏那些装饰品、视觉效果和其他手工制品。

- 一个好的产品目的陈述能够说明为什么产品对用户很重要。它为用户简化、改进和启用了什么？或者让用户感觉更好？它的价值何在？像"这个产品的存在是为了处理弹性工作工人的考勤卡"这样的陈述仅描述了它的作用，但没有描述原因。这个陈述并没有为基于用户的决策提供很多指导，即哪些功能应该被包括在内。一个更好的陈述是："本产品的存在是为了减少弹性工作的工人在输入考勤卡上所花时间和管理人员在核实考勤卡上所花时间"。

实验集：让利益相关者参与产品的开发

没有利益相关者的 Scrum 就像一辆没有车手的赛车。它可能看起来不可思议，而且速度真的很快，但如果没有人指引它，它就不会带你去想去的地方。让利益相关者参与进来并不总是容易的。本节提供了三个实验，你可以用新颖和创造性的方式让他们参与进来。

邀请利益相关者一起参加"反馈派对"

利益相关者是否经常错过或躲避你的 Sprint Review？或者你的 Sprint Review 通常采取静态演示的形式，而听众沉默不语？一个好的 Sprint Review 就是收集反馈并与在场的人一起验证假设。本实验的目的是邀请利益相关者参加你的下一次 Sprint Review，并利用他们来收集有价值的反馈（见图 6.2）。这个实验是基于释放性结构工具"轮转和分享（Shift & Share）"。[1]

图 6.2　带上你最好的装备，尽可能地聚集在你的用户周围

---

[1] [法]亨利·利普曼 诺维奇，[美]基思·麦坎德利斯 . 释放性结构：激发群体智慧 [M]. 储飞，曹宝祯，译 . 北京：中国广播影视出版社，2022.

投入 / 影响比率

投入	★★☆☆☆	从邀请少量的利益相关者开始，可以保持较少投入。也可以邀请更多的利益相关者来创造更大的影响，但这需要更多的投入
生存影响	★★★★★	随着在 Sprint Review 中逐步实现产品目的，这个实验有可能产生滚雪球式的变化

步骤

要尝试这个实验，请做下列工作。

1. 与你的 Product Owner 一起，确定哪些利益相关者最有可能对团队一直在做的 Sprint 目标和为之选择的工作有想法和反馈。邀请他们参加下一次的 Sprint Review。如果有必要，可以提供蛋糕和咖啡来吸引他们。

2. 在 Sprint Review 之前，与 Scrum 团队一起准备。一起从产品待办列表中找出 5 ~ 7 个团队希望得到反馈的功能或事项。对于每个功能或事项，设立一个站点（带有一些产品信息的白板纸、笔记本电脑、平板电脑或台式机），并确保每个站点有一两名团队成员作为"站长"在场。为每个站点提供即时贴或明信片来收集反馈。

3. 在 Sprint Review 开始时，欢迎利益相关者，并确保重申为什么他们的出现是有帮助的。接着继续介绍各个站点，并解释利益相关者将在 10 分钟的时间内"参观"各个站点。

在每个站点，利益相关者都有机会尝试对产品增量的各个方面提供反馈。

4.请"站长"简单介绍他们的站点是关于什么的。然后，将其他人平均分配到各站。在 10 分钟的回合中，各小组以顺时针的方式参观各站。"站长"不演示新功能，而是邀请利益相关者控制笔记本电脑、平板电脑或台式机，只需在最小的指导下尝试新功能。

5.当各小组参观完所有站点后，请房间里的每个人花点时间，默默地思考以下问题："根据我们所看到的，下一步我们应该做什么？"1 分钟后，邀请大家结成对子，分享他们的想法。给他们几分钟时间，然后请这些人分成四人一组，在他们的想法的基础上进行 5 分钟的讨论。最后全体人员一起，总结小组中抓住的最重要想法。

6.如果利益相关者有时间，你可以更深入地挖掘下一步行动和他们的反馈。如果他们没有时间，这是一个很好的机会，Product Owner 和团队可以感谢他们的时间，并邀请他们参加下一次的 Sprint Review。与 Scrum 团队一起，继续将反馈意见进一步消化为切实的事项和未来 Sprint 的潜在目标。

我们的研究发现

- 坚持一种轻松的、非正式的方法，并从中获得一些乐趣。你会注意到，用户可能很快就会因为无法找到使用新功能的方法或导致错误而道歉（"对不起，我不是故意要弄坏它的！"）。尽管这些困难表明了产品的缺陷，但如果用户不能搞清楚这些功能，他们往往会觉得"笨"或"慢"，特别是当别人在看的时候。

- 如果你是第一次做这个实验，那么做好会遇到尴尬情景的心理准备吧。坚持继续运作这样的 Sprint Review，你会注意到，当利益相关者看到他们的反馈如何被集成到产品中时，他们会随着时间的推移而继续投入。

体验一次用户旅程

这个实验的目的是帮助 Scrum 团队了解它们的用户以及面临的挑战。这不仅让开发人员更好地了解产品的使用环境和使用对象，还能帮助 Development Team 看到他们工作的目的。

投入 / 影响比率

投入	★★☆☆☆	拜访一个用户不需要什么投入。为了提高影响力，你可以拜访更多的人，但这要付出更多的精力
生存影响	★★★★★	如果你以前从未这样做过，那么这个实验可能会完全改变 Development Team 对其产品及用户的理解

步骤

要尝试这个实验，请做下列工作。

1. 与 Product Owner 合作，找到团队正在开发的产品的（许多）用户所在的一个或者多个地点。例如，如果你的团队正在开发一个管理铁路交通的产品，就去拜访铁路运营商的控制室。

2. 通过确定你想从利益相关者和他们的环境中了解什么，与 Scrum 团队一起准备用户旅程。你能观察到什么？你会问什么问题？还要决定你如何记录观察结果。你要做笔记吗？录音还是录像？

3. 当你在那里的时候，最好将团队分成两组，不要让用户感到压力。鼓励两人在用户与产品互动时观察他们，并不时温和地问一些开放式的问题。为了进一步了解，用户可以口头表达他们正在进行或考虑的步骤，以及他们期望发生的事情。

4. 当完成观察和记录后，召集整个 Scrum 团队，将你所注意到的事情做成一个分享汇报。团队感到惊讶的是什么？出现了哪些新的想法或改进？把想法记录在 Product Backlog 上。

以下是一些关于如何询问或注意事项。

- 观察人们使用什么样的设备来查看产品。
- 观察用户的操作环境。

- 问："这个功能对你的日常工作有怎样的帮助？"

- 问："我们能做什么让你更容易地使用这个产品？"

- 问："如果我们不得不从头开始重做这个产品，你希望我们所做的第一件事是什么？"

我们的研究发现

- 有些用户可能不愿意让开发人员观察。如果有必要，请事先商定一个时间范围和具体的工作契约，而且要清楚地说明他们的反馈如何能够使产品（和他们的工作）变得更容易（使用）。

- 让 Development Team 为用户对他们的工作持批评态度的情况做好准备。有些人比其他人更善于表达批评意见。对 Development Team 来说，公开探索批评的来源会使开发团队变得沮丧或防御。当提出批评的用户注意到他们正在被倾听时，他们可能会成为你最坚定的支持者。

> **经验：带有大量反馈的小发现**
>
> 下面是本书作者之一亲身经历的故事。
>
> 我们和四名开发人员一起驱车前往一个工作场所，还有很多计划员（我们的用户）。在现场，我们很快注意到环境

是多么的嘈杂和混乱。电话一直在响，人们大声询问是否有可以弹性工作的人员，还有人带着问题走了进来。我们发现了一些至关重要的事情。在打电话的时候（电话紧紧地卡在计划员的头和肩膀之间），计划员用我们的产品改变了对某位弹性工作人员的计划。把电话放在头和肩之间意味着计划员的头是倾斜的，再加上计划员使用小屏幕，这使阅读文本和用光标导航变得困难。回到办公室，我们迅速更新了应用程序，增加了字体大小，并使用更大的按钮。这是一个小小的改变，但它确实提高了应用程序的可用性。

游击测试 [1]

寻找用户并不容易。这个实验的目的是通过让 Development Team 走出办公室，接近实际和潜在的用户来进行有趣的用户测试。

---

[1] 游击测试（Guerrilla Testing）也叫游击可用性测试（Guerrilla Usability Testing），将用户带到一个受控的环境中进行正式可用性测试可能是一个缓慢而昂贵的方法。通过游击式的用户可用性测试，可以快速而廉价地收集到许多有用的、定性的反馈意见——到外面的世界中去，对公众的小样本进行测试。也可以借用一些工具进行远程可用性测试，你可以要求用户执行特定的任务，并捕捉完成任务所需的时间和用户在完成任务时的想法和感受等一切信息。——译者注

投入 / 影响比率

投入	☆☆☆☆☆	虽然投入程度相对较低，但如果 Development Team 以前从未尝试过，他们可能会对这样做有点担心
生存影响	☆☆☆☆☆	如果这是第一次，那么这个实验将使人们对产品及其使用方式产生新的见解

步骤

要尝试这个实验，请做下列工作。

1. 与 Development Team 一起，选择你想要测试的 Product Backlog 事项或假设。它们可以是任何东西——从工作的软件到纸上原型或设计。

2. 去一个你可能遇到真正用户的地方。如果你的产品是供内部使用的，那么目的地可以是内部餐厅或大楼里的一个会议场地。如果有外部用户，就去可能找到他们的地方，也可以去咖啡馆或公园。在一些组织中，还可以在公共休息室中找到大量的潜在用户。

3. 两人一组，四处走走。手里拿着笔记本电脑，询问人们是否能抽出几分钟时间来帮助你改进产品。最好的反馈来自基于目标的行为。要求用户执行一个特定的操作或实现一个特定的目标。写下任何观察或反馈，如果用户不介意的话，甚至可以拍摄这个过程。不断重复，以收集不同用户的反馈。

这也是了解你的用户是谁，以及他们在寻找什么的好方法。

4.定期召集整个 Scrum 团队，分享你注意到的事情。让大家发泄一下，分享它们的兴奋点和发现。一起探讨哪些是令人惊讶的，出现了哪些新的想法或改进，以及你应该寻找哪些其他东西。根据需要，重复更多轮测试。

我们的研究发现

- 如果你第一次这样做，Development Team 的紧张是可以理解的。两人一组工作是相互支持的好方法。也可以做一些角色扮演来练习潜在的互动。一些游击装备（从对讲机到帽子）可能派上用场（见图6.2）。

- 当在咖啡馆中做这个实验时，可以为参与者提供免费咖啡，以回报他们的时间付出和反馈。

经验：调研用户

下面是本书作者之一亲身经历的另一个故事。

我们创造了一个机会：在一个与平台相关的会议上设立了一个展台。这是在最新版本中对新工作流进行游击测试的一种极好的方式。我们为自己准备了两台显示器、一个键盘和一个鼠标，并设立了展台。我们用横幅和一张大地图来装饰展台，并把自己打扮成"研究人员"——我们穿着白大褂，拿着写字板。我们询问每个路人是否愿意给我们的平台提供反馈。值得庆幸的是，许多人都这样做了，并和我们一起坐下来点击工作流程。我们记录了他们的反馈，询问他们喜欢什么和不喜欢什么，并确定人们在应用程序的使用中经常遇到的困难。这次扩展的测试活动不仅带来了宝贵的反馈，也吸引了许多对我们的平台感兴趣的人。

实验集：将注意力集中在有价值的东西上

我们似乎都本能地理解专注的力量。但是，找到这种专注并坚持下去是一种挑战。本节提供三个实验来帮助实现这一目标。

限制产品待办列表的最大长度

我们很容易就会有一个庞大的 Product Backlog。保持它的简短需要很多东西到位，包括一个指导性的目标和 Product Owner 的授权，以及对那些不适合你的时间和预算的潜在的好想法说"不"的能力。这个实验的目的是为 Product Backlog 的长度增加一个约束条件，看看接下来会发生什么。

投入 / 影响比率

投入	☆☆☆☆☆	实验本身很容易做，但它所产生的结果未必简单
生存影响	☆☆☆☆☆	这个实验会揭示一个巨大的障碍，就是 Product Owner 难以仅凭经验工作

步骤

要尝试这个实验，请做下列工作。

1. 与 Product Owner 一起定义一个约束条件，即在事项被删除之前，Product Backlog 可以有多长？没有一个数字是最适合所有情况的，但根据经验，你想要的这个数字，就是保证你只要看一眼（长时间）Product Backlog，就对将要发生的事情有一个大概了解的数字。一般来说，这个数字越小越好。许多团队喜欢将这个数字限制在 30 ~ 60 的范围内。

2. 如果团队的 Product Backlog 已经被排序，就可以跳到下一步。如果 Product Backlog 未被排序，请与 Product Owner、团队和利益相关者一起，以产品的目的来重新对 Product Backlog 排序。

3. 邀请 Product Owner 删除所有超出限制的事项，仅把它们移到墙上的其他地方或 Jira 中的另一个列表中并不算数。实际上应把它们扔掉。如果团队有物理板，我们总是喜欢把垃圾桶拿进来，以一种非常明显的方式来做这件事。疼吗？是的。人们会反对还是会晕倒呢？可能都会。但是，通过非常清楚地说明什么会发生，什么不会发生，你为你的利益相关者构建了关于产品预期的透明度。

4. 将 Product Backlog 的约束条件可视化。如果有一个物理板，就可以简单地限制列表事项长度。大多数数字工具支持列表约束。确保在约束条件旁边清楚地显示产品的目的，因为这是每次决定保留什么和丢弃什么的试金石。

5. 鼓励 Product Owner 经常清理 Product Backlog，以充分利用你可以放上去的事项。

我们的研究发现

- 这个实验可以暴露出许多障碍。它可能表明，你的 Product Owner 对 Product Backlog 没有发言权，或者它可能表明你的团队花了太多的时间来梳理 Product Backlog 中的需求规格说明，使你觉得扔掉这些需求是一种浪费。但这个实验也可以表明，你的产品没有明确的指导目的，而指导目的有助于对 Product Backlog 做出决策。无论如何，坚持约束是专注于解决那些障碍而不是绕开它们的好方法。

- 要清楚明了，但也要尊重你所删除的事项。它们中的每一个都代表着产品潜在的好主意。而当事项从当前的 Product Backlog 中被删除后，如果它们对你要试图打造的产品来说足够好，它们会重新在列表中出现。

在生态环图上绘制 Product Backlog

在患有僵尸 Scrum 的环境中，你会发现团队举步维艰。在一次又一次的 Sprint 中，它们不断地工作在那些本身已经毫无生气的产品上。这个实验的目的是重振 Product Backlog，并为创新和专注创造空间。

投入 / 影响比率

投入	★★★★★	这个实验需要时间来准备，需要做几次才能真正进入状态
生存影响	★★★★☆	从生态环的角度开始思考，会让人们思考创新、价值和专注。就像复合维生素增强剂一样，它包含很多健康的东西，一举多得

步骤

生态环（Ecocycle Planning）[1] 是释放性结构工具组合的一部分。其目的是分析全部的活动组合，并确定进展的障碍和机会。这是一个很好的用来定期清理和重新关注你的 Product Backlog

---

[1] [法] 亨利·利普曼 诺维奇，[美] 基思·麦坎德利斯. 释放性结构：激发群体智慧 [M]. 储飞，曹宝祯，译. 北京：中国广播影视出版社，2022.

的方法。它基于自然界中的生命周期循环（见图 6.3）。[1]

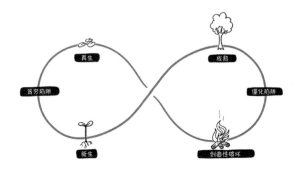

图 6.3　在生态环图上绘制 Product Backlog

在产品研发的场景下，所有发生的工作都可以作为产品生命周期的一部分，并都可以在生态环图上绘制出来，如下所示。

- 再生（Renewal）代表对未来工作的全新和创新的想法。它可能涉及探索新技术、新功能或新市场的想法。

- 新生（Birth）代表将一个想法从萌芽阶段转化为有形的工作。这可能包括建立一个原型、与利益相关者测试一个新的设计，或者尝试一个功能的第一部分。

- 成熟（Maturity）代表产品的稳定和成熟部分的工作。这可能涉及产品支持、修复缺陷，以及对已经存在的功能进行小的、渐进式的调整。

[1] [法] 亨利·利普曼 诺维奇，[美] 基思·麦坎德利斯. 释放性结构：激发群体智慧 [M]. 储飞，曹宝祯，译. 北京：中国广播影视出版社，2022.

- 创造性破坏（Creative Destruction）代表那些有关即将被淘汰的产品部分的工作，或者本身不再有价值的工作。

所有的活动都在生态环中流动，但它们也可能被卡住，或者有可能出现不平衡。例如，所有的能量都流向生态环的右边，没有时间和空间进行创新。那些你认为很重要的工作，却从未得到落实，被卡在"贫穷陷阱（Poverty Trap）"里。这可能是自动化部署的某个部分，目的是将原有框架升级为一个新的框架，或者修复人们一直抱怨的那个恼人的缺陷。你一直在忙于做一些工作，但它并没有真正增加任何价值，这就是"僵化陷阱（Rigidity Trap）"。它可能是被长期维护的一个没有被使用的功能，或者以可能以更好的方式来做的某一项工作。通过绘制整个生态环的所有工作，你可以识别出一些模式，这些模式告诉你产品，以及你为其计划的工作在其生命周期中的位置。

- 一个健康的 Product Backlog 会将工作分布在整个生态环中。正如从模型左边的工作可以看出，有创新正在发生。从右边可以看出有工作使产品更加成熟和强大。此外，团队正在有意识地决定放弃哪些功能和工作，这体现在创造性破坏的工作中。
- 那些处于僵化陷阱或创造性破坏中的工作应该被移

除，或者至少是重塑的主要候选事项。在添加新事项之前，先从这里开始，因为去除一些事项的目的是为新东西创造空间。

- 生态环可以针对 Product Backlog 上的单个事项进行。也可以把它应用到产品的功能上，或者用于整个产品组合，应用方式是无穷无尽的。只做一次并不能让你理解透彻，要经常做。

那么如何与你的团队一起做到这一点呢？我们喜欢像下面这样做。

1. 与 Product Owner 合作，邀请一组利益相关者和 Development Team 参与到清理工作中来，重新关注重要的事情。

2. 介绍生态环工具。解释这个隐喻和几个象限，并举一些例子来帮助人们理解它。如果人们不能马上理解也没关系，你必须多次体验生态环，人们才会开始看到它的可能性。

3. 请在场的每个人在一张纸或笔记本上画出自己的生态环，并让大家把 Product Backlog 的事项在生态环图中标注出来。为了简单化，可以给 Product Backlog 的事项编号，并告诉大家使用这些事项的编号，而不是写下这些事项（这是一个耗时的工作）。

4. 如果你引导一个相当大的组（超过 8 ~ 10 个人），请大家结对，在几分钟内分享他们如何将事项分配到生态环中。

鼓励他们一起工作，以最终确定团队在图上的分布。

5. 准备好一个更大版本的生态环，如在地板上或墙上，邀请大家把自己的事项放在他们认为自己在这个产品生态环中的位置的对应地方。

6. 请大家对出现的模式进行思考。可以提问："我们的产品事项在生态环中的分布是否说明了产品现状是什么样子的，以及什么是重要的？"先让大家独自思考 1 分钟，然后两人一组讨论几分钟，再与另一组讨论 4 分钟。最后，鼓励各组将最重要的模式与全组分享。

7. 请大家形成几个小组，为清理 Product Backlog 识别下一步行动。哪些事项应该被删除？哪些新的想法可以取代 Product Backlog 上的当前事项？鼓励各小组将注意力集中在某个陷阱中的事项上，或者可以创造性地破坏某个事项的其他方式上，因为这有助于清理 Product Backlog。

我们的研究发现

- 对于僵尸 Scrum 团队来说，生态环工具让我们思考产品的方式有所不同。你真的需要做很多次才能让人们理解不同的象限，以及理解这些模式。

- 因为这个实验让每个人都有发言权，所以当团队发现大家对某些工作（事项）的放置位置有相同的感受时，可能会松一口气。记得庆祝这些时刻，因为你发现工作（事项）没有价值而放手，比简单地增加工作（事项）更重要。

- 使用生态环来可视化你的产品不应该是一个一次性的活动。建议团队创建一个大型的生态环海报，并把它挂在团队房间的墙上。这样可以鼓励持续更新生态环，并在 Scrum 活动中引发有用的对话。

阐述期望的成果，而不仅是将工作完成

把握针对产品的工作方式对做这些工作的团队有巨大影响。这个实验改变了你写产品待办事项（PBI）的方式，使你很容易进行以成果和利益相关者为中心的日常对话。

投入 / 影响比率

投入	☆☆☆☆☆	几个简单的问题就能让你立即走上正轨
生存影响	☆☆☆☆☆	这个实验有能力迅速且彻底地改变日常用语和思维方式

步骤

尽管大多数人认为，你可以自由地使用任何喜欢的格式来描述关于 Product Backlog 的工作，但 Scrum 指南从未提到过一次"用户故事（User Story）"。无论使用哪种格式，

都不要把注意力放在需要完成的任务上。重点是你想通过它们实现什么以及为什么。如果有帮助的话，提醒一下你是为谁开发此功能的。这里有一些可以考虑的选项。

- 把你的 PBI 写成与利益相关者的"对话"。你需要与利益相关者澄清什么，以便你能够开始构建解决方案？例如，"兑换折扣券码选项的外观是由 Jimmy 设计的。"

- 把你的 PBI 写成来自"实际用户的实际需求"。例如，"Tessa 想查看本周的所有订单，这样她就知道该给谁开发票"，或者"Martin 和他的团队想直接发送发货通知，这样他们就不用每次都问 Pete 了"。

- 把你的 PBI 写成最后的"用户验收测试"。用户需要做什么，才能让你知道你是否成功了？这需要足够清楚，这样你才能用简单的"是"或"否"来回答"用户是否能够做到这一点"的问题。例如，"用户可以向购物车里添加一个物品"。这些事项是让实际用户在 Sprint Review 中试用的最佳候选项。

- 把你的 PBI 写成一个"成果"或"目标状态"。要提供价值的具体最终状态是什么？例如，"这款应用显示了包括税费在内的最终支付金额。"

那么，你是如何与团队一起做到这一点的呢？我们喜欢像下面这样做。

1. 安排一些时间和团队一起开发 Product Backlog。我们强烈建议邀请实际的利益相关者参加这个工作坊，以帮助你回答关于什么是有价值的、什么是没有价值的问题。

2. 要么从现有的 Product Backlog 中选择事项，要么对潜在的工作进行高层次的概述（如果你还没有的话），如"1-2-4-All""最小规格（Min Specs）""即兴社交（Impromptu Networking）"[1] 的释放性结构工具在这里很有帮助。

3. 对于每个事项，使用释放性结构"1-2-4-All"，让小组考虑每个事项的这些问题："这样做谁会受益？""这样做有什么不同？""为什么这很重要？""如果不这样做会怎么样？"根据答案，一起决定在 Product Backlog 中放入它的最佳方式。

4. 反复进行，直到你对即将到来的工作有足够的认识，以便在未来的 Sprint 中继续进行。抵制诱惑，不要把大量时间花在未来更远的事项上。事项在 Product Backlog 中的位置越靠下，它在未来可能发生或不发生的可能性越高，可以使这些事项保持粗粒度和庞大，从而为近期的事情保留精力。

我们的研究发现

你很容易重新陷入只讲述需要完成的事，而不是关注成

---

[1] [法] 亨利·利普曼 诺维奇，[美] 基思·麦坎德利斯. 释放性结构：激发群体智慧 [M]. 储飞，曹宝祯，译. 北京：中国广播影视出版社，2022.

果的模式。如果你正在努力尝试将需求分割成可见和可测试
的成果项，第 8 章中的实验"切分你的 PBI（产品待办事项）"
会帮到你。

现在怎么办

在本章中，我们探讨了 10 个实验来构建利益相关者需
要的东西。有些实验比其他实验容易，预期的影响也不同，
但每个实验都可以帮助你在僵尸 Scrum 盛行的环境中采取一
点行动，试一试，看看会发生什么。

然而，在过去我们还发现，构建利益相关者需要的东西与
能够快速发布来满足他们的需求是相辅相成的。当需求变更需
要几个月的时间才能交付给利益相关者时，他们也不急于尽早
地提供反馈。即使最以利益相关者为导向的 Scrum 团队，当它
们失去这种反馈环的时候，也会变得僵尸化。在下一部分，我
们将探讨 Scrum 团队可以做些什么来加快发布速度。

想找更多的实验，新兵？在 zombiescrum.org
有装备丰富的武器库。你也可以提出对你来说
很有效的建议来帮助我们扩大这个武器库。

第 3 部分

快速交付

第 7 章　症状和原因

大多数人在事情发生之前都不相信它会发生。这不是愚蠢或软弱，这只是人类的天性。

——Max Brooks, *World War Z: An Oral History of the Zombie War*

在本章中：

- 探索并观察交付不够快速的症状，以满足组织的需要。

- 探索没有快速交付的最常见原因。

- 了解健康的 Scrum 如何在快速交付和保持专注之间取得平衡。

实践经验

我们最近遇到一个感染了僵尸 Scrum 的团队。它们告诉我们在过去的两年里它们一直在做的这个很酷又有创新的（在线）平台。这一切都始于几年前的一个晚上，CEO 突然醒来，萌生了一个关于新产品的伟大灵感。一个由王牌程序员组成的 Scrum 团队接受了挑战，并通过一个长长的 Product Backlog 进行工作。它们就这样开始了。随着时间的推移，许多丰满智慧的代码被敲了出来，并增加了几十个令人难以置信的功能。公司和团队都很欣赏 Scrum 提供的节奏和结构。他们为自己严格遵守 Scrum 框架及其规定的角色和事件而自豪。

唯一的例外是，尽管每个 Sprint 都会产生一个"潜在的可发布的增量"，但它们实际上从未发布过任何东西。原因之一是 Scrum 团队没有足够的测试技能来交付功能。这是楼下的质量保证（QA）部门的工作。只有当 QA 部门对所有的功能进行了周密的测试并开了绿灯，新的功能才能被交付。但考虑到 QA 部门的巨大工作量，这通常需要几个 Sprint。另一个原因是在部署新版本时需要大量的手动工作。因为该团队在过去为其他产品进行部署时压力很大，而且容易出错，所以它们倾向于这个产品最终只发布一次。

虽然团队建议建立一个自动部署流水线来缓解压力，但管理层更关注增加更多的新功能，决定不采用这种方法。

16 个月后，该产品的第一个版本终于向市场发布。伴随着一场大规模的营销活动，该产品被炒得沸沸扬扬。事实证明，客户使用该产品的方式与预期大相径庭。例如，团队花费了 4 个月开发的功能丰富的 API 只被 2% 的客户使用。尽管有最初的期望，但该产品的投资未能获得回报。

不久之后，僵尸 Scrum 的症状开始出现。团队失去了动力，它的兴奋感就像空气从被刺破的气球中冲出来一样消失了。"出什么问题了？我们完成了全部 Sprint 中所有的用户故事！Scrum 不是应该防止这样的失败吗？"渐渐地，开发人员开始对一切漠不关心。尽管遇到了挫折，这位 CEO 仍然坚定而充满希望：并不是没有客户，只是没有很多客户。他承诺，这种情况将在 10 个月后下一次发布产品时发生改变。

这个案例说明了如何构建利益相关者所需（第 2 部分）和快速交付（第 3 部分）就像一枚硬币的两面：辅车相依。在这个案例中，Scrum 团队构建的功能对客户来说并不实用，但它们直到产品最终发布时才知道。为了完成这些本以为会带来价值的功能，所有资金、时间和资源都已经被浪费了。这是一种"第一次就要把事情做对"的冲动。

在这种情况下，浪费的主要来源不是团队的懈怠、缺乏详细的需求规格说明书，或者部门之间缺乏协作，而是错失了尽早推出平台和尽早获得利益相关者反馈的机会。事实证明，该公司错误地认为它们的平台将解决利益相关者所遇到的问题。尽管有些功能可能会带来好处，但它的价格并不合理。虽然快速交付并不能保证成功，但它可以帮助企业更快地发现它们的想法是否真的有价值，并根据反馈调整产品策略。这一章是关于快速交付的，以及在面对复杂的工作时，它如何成为最好的生存策略。本章还将探讨相关经验——不这样做的原因和借口。

它到底有多糟糕？

我们正在用在线症状检查器（scrumteamsurvey.org）持续监测僵尸 Scrum 在全世界的传播情况。在编写本章时，在参与过该调查的 Scrum 团队中：[*]

- 62% 的团队必须执行大量的手工步骤才能交付一项增量；

- 61% 的 Product Owner 不使用或不经常使用 Sprint Review 来收集利益相关者的反馈；

- 57% 的团队在 Sprint 的最后几天经历了巨大的压力，需要完成所有的工作；

- 52% 的团队经常不得不在下一个 Sprint 中解决那些本可以通过更好的测试来避免的问题；

- 43% 的团队在当前的 Sprint 中没有花时间为即将到来的 Sprint 梳理工作；

- 39% 的团队通常没有一个可在 Sprint 结束时交付的增量；

- 31% 的团队偶尔或经常取消 Sprint Review。

---

* 百分比代表了在 10 分制中得到 6 分或更低分数的团队。每个主题都用 10 ~ 30 个问题进行测量。结果代表了 2019 年 6 月至 2020 年 5 月期间在 scrumteamsurvey.org 参与自我报告调查的 1 764 个团队。

快速交付的好处

你们能负担得起在那些几乎没有价值的功能上所耗费的金钱吗？你的利益相关者们对你们产品的期望是否可能保持不变？你的产品没有竞争对手吗？你能绝对肯定地预测你的用户或客户在你的想法中找到价值吗？

因为你正在阅读此书，所以如果你能做到以上任何一项，我们都愿意展示给你看饥饿的僵尸如何啃食我们鲜嫩多汁的手臂。对快速交付的需要和开发一个复杂产品的内在风险有着紧密联系。如果你要我们用一句话来概括 Scrum 框架的目的，那就是避免在一些不被利益相关者接受的东西上浪费金钱和时间，我们必须以足够高的频率向他们交付"完成"的增量。换句话说，这一切就是要尽快了解风险所在，以及如何避免或降低风险（见图 7.1）。什么是"足够快"取决于环境、产品和组织的能力。它可能更接近一两个星期，甚至一天，而不是几个月。你的工作越复杂，需要的学习速度就越快。

图 7.1　为什么要努力去实现快速交付

环境中的复杂性

因为你无法在复杂的环境中计划成功，所以只能在事后了解它，成功解决复杂的问题需要使用反馈回路。你需要知道发生了什么，这样你就能了解情况并做出相应的反应。在这方面，如果 Sprint Review 被用来检视你的产品并在你的组织范围内验证假设，那么它只起到一部分作用。快速交付允许你在实际使用的环境中检视你的产品，而这才是真正重要的。你可以快速得到关于你的产品的反馈，并尽快从这些反馈中学习。你的想法是否正确？市场对你的想法有什么反应？你需要调整什么？

快速交付也使你能更快地对市场的变化做出响应。试想一下，你看到一个商业机会并能在几周内实际发挥它的作用。那些被冗长的发布周期所困扰的组织只会错失这些机会，在竞争对手抓住机会的时候，自己却陷入低效状态而无法自拔。当你能够快速交付时，你可以在短时间内将想法变成价值，这取决于企业想以多快的速度进行发布。这就是敏捷性的含义。

这与我们看到的几乎所有的僵尸 Scrum 组织形成鲜明对比。它们将自己与外界隔绝。它们成为无意识的机器，在大爆炸式的发布中制造出大量的功能。它们从外部收到的罕见反馈需要大量的时间来处理，而且通常不能及时地反馈到开发产品的人那里。这些组织像僵硬的僵尸一样蹒跚前行，时不时地失去一条肢体，也并没有真正注意到有什么不同。

产品中的复杂性

复杂问题的一个特点是涌现。在这里，看似简单的活动会导致一连串的意外工作。当开发人员原来认为是一个小的变更，结果却比想象中更有挑战性时，这些都是"哎呀"的时刻。例如，当一个利益相关者随口问起该功能是否支持一个明显很重要的移动设备时，整个 Scrum 团队都会感到尴尬，因为从来没有人考虑过这个问题，或者，一个 Scrum 团队加班到深夜，为了解决部署一个大型且复杂版本过程中出现的越来越多的问题。

复杂问题的工作像滚雪球一样，有迅速超过预期的趋势。很难得的是，任何从事过复杂工作的人都知道，最好是从一个小的、稳定的系统开始，并随着时间的推移谨慎地壮大它。与其在一个长期运行的项目结束时进行辛苦整合，不如进行微小的改变，让我们的系统尽快回到平衡状态。这个过程构成了一个快速的反馈回路，即增加不稳定因素（以开发工作的形式）并返回到稳定状态。这样一来，我们就避免了延迟集成工作所带来的影响，这些影响有时是灾难性的，也使得我们在一个高度动态多变的环境中更容易生存下来。

软件开发工具的改进使集成、测试、部署和自动化变得更加容易。作为一个开发者，你可以在提交代码时触发一个自动化流水线，在这个流水线中构建变更，推送到测试环境，如果一切顺利，可以推送到生产环节。这意味着，你可以每隔几分钟就有新的可工作的软件。不是每个企业都需要以如此快的速度运营，但这种工作方式极大地缩短了开发人员获得反馈的时间，让他们在犯错时立即就能知道，并减小了产品开发工作的复杂性。

底线：交付速度慢是僵尸 Scrum 的标志

患有僵尸 Scrum 的组织在快速交付方面有困难。虽然它们按照 Sprint 的节奏工作，但新的功能只是偶尔交付给客户（例如，作为每年发布周期的一部分），它们并没有提高速度的愿望。无法加快交付速度的借口通常是产品太复杂、技术不支持，或者客户没有要求。它们认为快速交付是"可有可无"的，但没有看到它们错过了经常获得工作质量反馈的好处。结果是一个恶性循环：Scrum 的僵尸化增加了快速交付的障碍，而不能快速交付反而又加重了僵尸 Scrum 的症状。

为什么交付速度不够快

如果快速交付那么棒，并且每个人都看到了它的优势，那么为什么在僵尸 Scrum 中没有发生呢？接下来，我们将探讨常见的观察结果及其根本原因。当你意识到这些原因时，就会更容易选择正确的干预措施和实践。它还建立了对陷入僵尸 Scrum 系统的人的同理心，以及尽管每个人的意图都是好的，但它却经常出现。

不需要恐慌，新兵。吸气，呼气。吸气，呼气。你在喃喃自语什么？你认识到所有的症状了吗？好吧……让我们快逃吧！只是开个玩笑。认识到这些症状是很好的第一步。让我们看看潜在的原因是什么。那么告诉我，你认为你的组织为什么不能快速交付？

不理解如何通过快速交付降低风险

人们不理解为什么在僵尸 Scrum 的工作环境中快速交付很重要。当你问他们时，他们只是耸耸肩，或者带着不屑一顾的微笑说道："因为快速交付不可能对我们这么复杂的产品或组织起作用。"对他们来说，只有那些不会带来可观收益的小产品，或者像领英（LinkedIn）、脸书（Facebook）和 Etsy 这样的巨头科技公司才有可能快速交付。即使他们想这样快速交付，也会因投资实在太大望而却步。把许多新的变更批量发布到大型且不经常发布的版本中去对他们来说更方便。老实说，这就像你看到了健康的生活方式带来的好处，但拒绝多做锻炼一样。

需要注意的迹象

- 无论在一个 Sprint 中 Scrum 团队完成了多少工作，产品新功能都会被打包，等到大型的季度或年度版本发布的时候才能上线。

- 产品的新版本发布是"全员事件"，大家要清空日程安排以便在当天晚上或之后的几天，甚至耗掉整个周末来解决发布引起的问题。

- 当你解释每个 Sprint 都应该产生一个随时可发布的新产品时，"在这里行不通"是人们的普遍反应。

- 当你问道："如果我们不加快交付速度，会增加什么风险？"人们并没有一个明确的答案。

- 通常快速浏览一下版本发布说明（Release Note），你就很好地了解到新版本的发布是一个大动作，包括许多变更、缺陷修复和功能改进。

  所有这些回答都表明，人们最终并不理解快速交付对于降低复杂工作所带来的风险是必要的。讽刺的是，产品或其环境越复杂，使用经验主义来降低风险就越重要（见图 7.2）。

图 7.2　在你点击"发布新版本"进行年度部署之前，让我们先躲起来

对于许多团队来说，部署产品的一个新版本是很痛苦的。团队因担心会犯严重的错误而紧张。它们倾向于在业务不繁忙的时段（半夜）进行部署。团队要清空自己在产品发布之后几天内的日程安排，用来处理新版本引起的 bug、问题和解决回滚到旧版本所引起的麻烦。这就难怪许多团队选择尽可能低频率地进行部署。

但快速交付是一种有组织的实践模式。当 Scrum 团队快速交付时，它们会有目的地强调工作流程、技能和技术。作为反馈，它们开始寻找优化工作的方法来应对这些频繁的压力。Scrum 团队可能会增加它们对自动化的使用，创建快速回退策略，引入"功能开关（Feature Toggles）"等技术，并寻找其他方法来缩小新版本的影响范围。就像我们的肌肉在运动中受到轻微损伤后会变得更强壮一样，发布产品新版本往往有助于组织在最重要的环节建立能力。尽管有些痛苦是不可避免的，就像肌肉酸痛会增加力量（耐力）一样，每一次发布新版本都会比前一次更容易、更快、风险更低。

很明显，只有当 Scrum 团队自己进行实践时，这些改进才会发生。当 Scrum 团队以外的人负责发布产品的新版本时，Scrum 团队就没有动力去改进。Scrum 团队还需要对部署过程和自动部署的工具有掌控权。我们合作过的最好的 Scrum 团队将自动化工作作为它们构建产品工作的一部分。它们让这项工作在 Product Backlog 上透明化，并根据需要将其细化为待办事项。它们没有把自动化作为事后的想法，而是利用第一个 Sprint 来创建必要的自动化脚本来部署它们的产品增量到生产环境。在随后的 Sprint 中，它们在这个基础上又增强了自动化并搭建了监控。它们把原本可能浪费在大型部署和恢复上的时间都花在了为产品增加更有价值的功能上。

试试这些实验，和你的团队一起改进（见第 8 章）：

● 迈出实现自动化集成和自动化部署的第一步；

● 每一个 Sprint 都要交付；

- 演进你的 DoD（完成的定义）；

- 为持续交付做一个商业案例；

- 利用技能矩阵提高跨职能的能力；

- 提出有力的问题以完成工作；

被计划驱动的治理观念所阻碍

一些组织明显受到僵尸 Scrum 的困扰，尽管 Scrum 团队做得很好。它们在每个 Sprint 中都创造了潜在的可发布的增量，产品的质量很高，利益相关者也尽可能地参与进来。但是，尽管 Scrum 团队的引擎在高速运转，但整个组织没有任何进展。尽管 Scrum 团队的工作周期很短，但组织中的其他一切都遵循更慢的节奏。我们经常看到一些组织围绕着 Scrum 团队的 Sprint 精心制定了长期项目计划和年度发布时间表。这就是我们所说的"计划驱动的治理"。使用这种方法的组织完全忽略了一点，即 Scrum 框架的目的是支持检视和适应。

需要注意的迹象

- 产品预算和产品策略每年只制定一次，甚至几年才制定一次。

- Product Owner 只能根据一年一次或一年两次的发布计划偶尔发布产品的新版本。

- 项目管理办公室（PMO）和指导委员会严格控制 Product Backlog 上的内容和顺序。

- 提前几个月，有时甚至提前几年计划每个单独的 Sprint 的目标或潜在的内容。

- 需求和预期的工作需要大量的文档化和计划，这在冗长的 Product Backlog 中表现得显而易见，即使在很久以后的 Sprint 才做的工作内容，也有详细的细节描述。

计划驱动的治理导致 Scrum 团队为一个遥远的目标而工作，而这个目标与客户满意度或切实的业务成果无关。它们的成功往往是以满足人为设定的最后期限来衡量的，而这与为利益相关者创造价值无关。当对遵守计划进行奖励而不是对灵活地获得更好的结果而进行奖励时，快速交付就没有意义了，并且看起来像在浪费时间。即使 Scrum 团队的引擎以最快的速度运转时，它们也很可能因为陷入组织的泥潭而迅速被烧毁（见图 7.3）。

图 7.3　60 年后，终于可以验证我们在 Sprint Planning 中的那些假设了

　　正如在第 4 章中探讨的，Scrum 框架基于从经验中学习（或称经验主义）。与此形成鲜明对比的是，有些组织在任何实际工作完成之前，尝试对要解决的问题进行全面的理性分析（这被称为理性主义），这些从事预测性规划工作的组织，其内部的流程和结构仍然是由这样的信念形成的。这种分析体现在详细的产品计划和相关的路线图中，不允许也不鼓励团队根据实际完成的情况所涌现出的新情况进行调整。最终的产品在一次大的版本发布中诞生，试图"第一次就把它做对"。这种方法本身并没有错，只是在复杂、不可预测的环境中不起作用。

试试这些实验，和你的团队一起改进（见第8章）：

- 为持续交付做一个商业案例；

- 测量前置时间和周期时间；

- 测量利益相关者的满意程度；

- 每一个 Sprint 都要交付。

不了解快速发布新版本的竞争优势

利益相关者对他们的投资回报速度是否满意？内部利益相关者的新计划是否因为"IT 部门要花几年时间才能完成"而被迫放弃？每一次管理层和销售部的人兴致勃勃地带着新的想法跑来时，IT 部门是否用技术问题把他们吓跑了？

最好是从利益相关者开始寻找团队有哪些发布不够快的迹象。这些人群与团队的工作有真正的利害关系，他们用自己的金钱或时间（或者两者兼而有之）来支付团队的工作。但他们的忠诚度也只是到此为止。当有更好的机会出现时，他们可能会跳槽到另一个产品或竞争对手那里。

需要注意的迹象

- 流失率（现有利益相关者停止与你做生意的百分比）很高或在增加。

- 利益相关者通常不满意你对他们（不断变化的）需求的响应能力，或者以此为理由停止与你的业务往来。

- Scrum 团队需要很长时间来解决产品问题，这些问题造成利益相关者不能正常使用你的产品。

- 新的举措没有形成，因为需要"IT 部门"的参与。每个人都知道这将花费大量的时间，甚至觉得一开始就和它们交谈没有意义。

- 与外部公司一起研发产品原型和新产品，因为它们能够更快、更便宜地开发产品并提供解决方案。

- 大多数的时候，当前的基础设施不能整合新的或更好的工具，因为整合需要很长的时间，而且投入的精力超过了收益。

遭受僵尸 Scrum 的组织无法对利益相关者不断变化的需求所带来的商业机会做出快速反应。有时是因为所有与 IT 相关的工作都由一小群人控制，他们不愿意承担风险或承担更多的工作。其他时候，组织缺乏足够快的交付能力。无论哪种情况，这些商业机会都不会永远存在，因此当一个组织不能快速响应时，它就会彻底错过机会。

经历："空中城堡"的虚假承诺

下面的故事是本书作者之一的亲身经历。

我最近和一个为网络公司服务的 Scrum 团队相处了一段时间。在过去的两年里，它们一直在断断续续地开发一个新的内容管理系统（CMS），用来取代现有的用了十年的旧平台。尽管过去这个平台提供了很好的服务，但现在的旧 CMS 已经成为客户的痛点。它在十年前的浏览器中运行得非常好，但在最新的浏览器中运行得不好。其性能糟糕到用户正常使用时系统会自动终止进程。旧平台缺乏对移动设备、现代媒体格式和富文本编辑的支持。但由于没有发布任何新产品，客户认为新平台只是一个空洞的承诺，因为团队不断推迟发布，以增加更多令人震惊的功能。毫不奇怪，该公司很难说服新客户与它做生意。而老客户一看到机会就跳槽到竞争对手那里。更不用说，为了在市场上生存，这个团队不得不重新思考它的整套工作方法。

这种动态多变性也适用于从事内部产品开发的 Scrum 团队。本书的一位作者曾在一家研发薪资管理软件的公司工作。当这家公司被市场上最大的薪资管理公司之一收购时，公司的很多业务部门开始将它们的产品开发工作从共享的 IT 部门转移到被收购的软件公司，这让原 IT 部门很失望。结果证明，被收购的软件公司使用了更多的现代技术，并且能够做到每两周发布一次新版本，它们利用市场变化注入新的想法，这为客户创造了更多的机会。

在一个技术、实践和需求快速变化的市场中，快速交付对保持竞争力至关重要。正如这个例子所示的，快速交付成为一种资产，并且赋能组织能够比竞争对手更快地适应不断变化的需求，以此进行实验和快速的学习。

试试这些实验，和你的团队一起改进（见第 8 章）：

- 为持续交付做一个商业案例；

- 测量前置时间和周期时间；

- 测量利益相关者的满意程度；

- 每一个 Sprint 都要交付。

没有消除阻碍快速交付的障碍

即使组织和 Scrum 团队看到了快速交付带来的好处，但如果大家没有认识到要持之以恒地帮助团队消除阻碍快速交付的障碍，那么它们仍然会以僵尸 Scrum 的形式告终。团队存在的潜在障碍有以下几点。

- 很多工作都本应该是 Sprint 的一部分，但 Scrum 团队通常在"完成"Sprint 的工作之后进行。例如，QA 部门必须在另一个 Sprint 中进行质量保证活动，或者市场营销部门在下一个 Sprint 中编写文本和添加图片。

- 当 Scrum 团队依赖团队外的人为它们做工作，而这些人又太忙时，它们的工作就会延误。

- 已完成的工作被成批打包成大型的、不能频繁发布的新版本。

- Scrum 团队中的技能栈的强划分导致了瓶颈的产生。

- Scrum 团队难以充分分解它们的工作（关于这一点，请参见下一节）。

- Scrum 团队没有权限获得能让它们快速交付所需的工具或技术。

- Scrum 团队所做的工作质量太低，这导致它们在当前或下一个 Sprint 上出现大量返工。

在有僵尸 Scrum 症状的组织中，没有人关注"周期时间"，即从想法开始到交付给利益相关者之间的时间。周期时间可以告诉你一个团队完成的定义有多全面，它是如何协作的，以及有哪些障碍妨碍了快速交付。

需要注意的迹象

- Scrum 团队完全不会跟踪记录它们的周期时间。

- Scrum 团队的周期时间一直很长，或者随着时间的推移而增加。

- Scrum 团队没有探索是什么正在影响它们快速交付的能力。

当周期时间等于或少于一个 Sprint 时，团队显然有能力在同一个 Sprint 内（或紧接着）开始着手一个需求事项并部署。短周期时间有助于降低复杂问题所带来的固有风险。

试试这些实验，和你的团队一起改进（见第 8 章）：

- 演进你的 DoD（完成的定义）；

- 测量前置时间和周期时间；

- 限制你的 WIP（在制品）；

- 切分你的 PBI（产品待办事项）；

- 利用技能矩阵提高跨职能的能力。

在一个 Sprint 内处理一些非常大的需求事项

快速交付是降低复杂工作风险的一种好方法，但只有当交付的产品符合团队的 DoD 时，它才能发挥作用。发布未经测试的产品只会损害你的品牌、疏远你的客户和冒不必要的风险。

虽然发布部分完成的工作不是一个好主意，但如果 Sprint Backlog 的事项太多，Scrum 团队无法在一个 Sprint 内完成它们，这时会发生什么？这通常意味着该事项上的剩余工作必须延续到下一个 Sprint，此时团队在新事项上工作的时间甚至更少。随着团队不断地将事项从一个 Sprint 推到下一个 Sprint 去完成，问题变得更加复杂，团队会越发觉得它们的 Sprint 是假的时间范围，在这个时间范围里没有任何事情可以真正完成，更不用说交付了。

需要注意的迹象

- 通常，Sprint Backlog 中的事项非常大，以至于 Scrum 团队无法在一个 Sprint 内完成它们。
- Scrum 团队的 Sprint Backlog 中只有几个大事项，而不是许多更小的事项。
- Scrum 团队不会花时间为即将到来的 Sprint 梳理工作内容。

Scrum 团队克服这个难题的最好方法不是让团队成员更

加努力地加班工作，或者增加团队人员，或者不严格遵守团队的 DoD，更不是购买更大的便笺纸（见图 7.4），而是将不能在一个 Sprint 中完成的待办事项分解成可以完成的更小事项。重要的是，团队在分解工作时，要保证小事项本身仍然可以发布。否则，团队就无法得到反馈并学习。

图 7.4　便笺纸的尺寸也是一个很好的信号，尺寸大说明待办事项太多

提升将大事项分解成小事项的技能是 Development Team 需要学习的最重要的技能之一。一个 Development Team 不应该从编写代码开始工作，而应该学会不断地挑战自己，问自己："我们可以构建和部署的能帮我们学习更多的内容或增加我们所交付产品价值的最小的东西是什么？"

梳理工作既要求 Scrum 团队应用这些技能，也为它们提供了提升这些技能的机会。当 Scrum 团队不梳理它们的工作，或者只专注于编写需求规格说明书时，它们不可避免地会在

Sprint Backlog 中大的待办事项上挣扎。有些梳理工作是在 Sprint 中进行的，有些梳理工作是在 Sprint 之前进行的。不管哪种方式，当团队进行了充分的梳理工作后，Sprint 中的工作进行起来就会更加顺畅。当与 Scrum 团队合作时，我们试图让它们提前两三个 Sprint，通过分解大的待办事项来预测工作。诸如 T 恤尺寸的估算法可以帮助它们相对容易地发现那些 XL 或 XXL 的事项，首先将它们分解，然后转向 L 和 M 尺寸的事项继续分解。

试试这些实验，和你的团队一起改进（见第 8 章）：

- 利用技能矩阵提高跨职能的能力；
- 限制你的 WIP（在制品）；
- 切分你的 PBI（产品待办事项）；
- 提出有力的问题以完成工作。

健康的 Scrum

在健康的 Scrum 中，Scrum 团队的工作以 Sprint 节奏为基础，每一次迭代都会产生一个新的产品版本，即"增量"，并有可能随时发布。在 Sprint 结束时，增量产品应该处于一键部署的状态，即所有的测试已经完成，质量得到保证，安装包已经准备好，支持性文档也已经更新。是否发布是由 Product Owner 决定的，但如果他们决定发布，可以在 Sprint Review 之后立即启动。如果 Product Owner 决定不发布，团队已完成的工作将伴随之后的 Sprint 一起进行发布。无论哪种方式，团队为发布所准备的一切就绪工作都没有白费。

好了，新兵！还跟得上我们吗？现在你知道了无法快速交付的症状和原因，让我们来探讨一下健康的 Scrum 吧。是的，我知道，情况很糟糕，但它未必一定是这样的情况。让我们来分享一下快速交付看起来是什么样子的。你只需要放松一下，找个地方坐下来，也许做个五分钟的冥想，然后继续阅读……

决定发布（或者不发布）

Product Owner 根据其与开发团队和利益相关者的讨论，做出是否发布增量的最终决定。即使增量已经完全准备好上线了（也就是说，它符合 DoD 的定义），当 Product Owner 遇到下列情况时，也可能决定将其推迟到下一个发布时间一起上线。

- 发布后会使产品进入一种状态，在这种状态下，用户更有可能遇到故障、问题或性能下降。例如，也许一

个关键的业务规则并不能很好地工作，或者在 Sprint
Review 期间来自利益相关者的反馈不是积极的。

- 可能需要利益相关者做一些额外的工作，而这些工作
在这个时候是不被接受的。这在涉及硬件产品时（或
完全是硬件产品的问题）特别明显。如果每次 Sprint
都要更换硬件，利益相关者可能成群结队地跑掉。

- 发布会使产品不符合法律或财政合规要求。

- 目前的市场情况会给品牌、组织或产品带来本应该避免
的风险。例如，计划在圣诞购物季的高峰期发布的新的
收银软件，如果没有什么损失，可以推迟一个 Sprint 再
发布。

在那些患有僵尸 Scrum 的组织中，每一个理由都很容易
变成每年发布一次或只在产品"完全完成"时发布的借口。
但在健康的 Scrum 环境中，Product Owner 都明白，频繁的
发布是降低复杂工作风险的最好方法。他们也明白，不发布
的原因是有更深层次的、隐藏的障碍需要解决。例如，如果
不能经常发布是因为很难不断地重新培训用户，这就引出了
一个问题，为什么小的增量变化首先需要不断地再培训用
户？也许 Scrum 团队需要努力提高产品的可用性和易用性，
这样就不需要重新培训用户。

发布新产品不再是一个二元的行为

Product Owner 不断地进行权衡，他们知道在"不发布"和"发布"之间有很多选择。遭受僵尸 Scrum 之苦的组织通常将"发布"视为要么发生，要么不发生的事件。但是，当组织实践健康的 Scrum 时，它们会明白有许多不同的发布策略。例如，一个 Scrum 团队可以做以下事情。

- 将增量部署到生产中，同时用所谓的"功能开关"来禁用新的功能，当营销活动协调好后，就可以"打开"新功能。

- 以分阶段的方式部署新的增量，从积极参与试验和接受新功能风险的用户开始，然后转向更倾向于不愿冒险的用户。一个很好的例子是通过 alpha、beta 版到最终版本的一系列版本来完成新功能的部署。另一个例子是许多产品提供"实验室"功能，允许用户开启实验性的新功能。

- 部署新的增量作为替代品。例如，领英经常部署新功能，用户可以在同一个屏幕的新版本或旧版本之间进行选择。

- 首先面向一小群用户部署新的增量，并密切监测所发生的情况。当这个"矿坑中的金丝雀"[1]没有出现问题时，就可以把这个版本扩大到更大的群体。

- 将一个新的增量部署为用户可以选择的版本。这在基于硬件开发的产品中特别常见，用户可以决定继续使用他们当前（和支持的）版本，或者切换到一个较新的版本。

- 通过"软发布"部署新的增量，向用户提供新的功能，但稍后才开始营销活动以吸引更多的注意力。

这些策略的共同点是，它们使团队能够在一段时间内以许多小的版本发布增量，而不是几个大版本。以上提到的发布策略以互补的方式限制了影响范围，从而降低了每个版本的风险。Scrum 团队也可以更快地测试新的想法，因为每个策略都能给它们快速的反馈，使它们了解正在发生的事情，以及人们是如何使用产品的。例如，跟踪回退到某个功能的旧版本的用户数量是一个很好的指标，它说明新版本是否仍需要改进。

当然，这些策略需要一个良好的流程和技术基础设施才具有可行性。不是所有的产品最初都能以这种方式发布。

---

[1] 这里指的是金丝雀发布，是一种部署策略，将变更发布给一小部分的用户。——译者注

经验：经常发布一个关键刚性产品

下面的故事是本书作者之一的亲身经历。

我们的一个 Scrum 团队负责一个全面的、至关重要的产品，用于管理弹性时间工作制的工人。它的功能包括匹配工人与工作任务、提交和批准工时表、跟踪假期天数并生成详细的管理报告。该产品还与各种外部系统进行交互。任何中断都会立即导致我们办公室的电话响个不停，因为成千上万的人都依赖它来完成日常的工作。

该产品的第一个版本经过了两年时间的开发，其中大部分的工作是由一位程序员完成的。当这位程序员离开后，一个 Scrum 团队接管了它。它面临着一个挑战：糟糕的单体代码结构意味着不可能只发布产品的一部分。这真的是孤注一掷，而且失败的风险很高。为了坚持频繁的发布，该团队最初在非工作时间发布，通常是在晚上或周末。为了使这种发布更简单，Scrum 团队战略性地开始重构产品的一部分，同时通过技术手段实现独立部署和自动测试。该团队巧妙地利用技术使用户的体验保持完整。在许多情况下，该团队会把常用的仪表盘功能整体拿出来，并把它移到一个单独的 Web 应用程序中，在视觉上它是同一个仪表盘的一部分。在另一种情况下，新版本最初是作为建议被推送给用户的，然后成为默认选项（有返回的选项），最后成为唯一的选择。同时，该团队努力将它的部署流水线自动化。

大家齐心协力来保持这种频繁发布，以帮助构建所需要的团队能力和技能，这使得这个团队现在可以在工作时间内进行发布，几乎没有风险，而且想多频繁地发布就多频繁地发布。

在一个 Sprint 内发布

提高交付速度的最大好处是，即使涉及对流程和基础设施的重大改变，它也能帮助组织建立起快速响应利益相关者重要决定的反应能力。这不仅是被动对利益相关者的需求做出反应，也是主动监测用户与产品的互动情况，以便在用户提出要求之前洞察到改进用户体验的方法。

Scrum 团队不需要等到 Sprint 结束时再发布一些新的改进来响应新机会。Scrum 框架鼓励团队至少在一个 Sprint 结束时发布。如果能更频繁地发布，当然就更好了！因此，很自然地，Scrum 团队最终会进入一个模式，可以在整个 Sprint 期间不断发布微小的成果，这是非常自然的。这有一个额外的好处，就是使各种 Scrum 事件更加专注基于现实的、实时的数据的检视和调整。

不再有大爆炸式的发布

那些已经具备了快速交付能力的 Scrum 团队有时会向我
们倾诉，它们很怀念一件事：每年一次的大型发布派对。在
过去，发布是一个令人伤脑筋的活动，Scrum 团队会取消它
们白天（和夜晚）的其他所有活动，将巨大的增量部署到生
产环境。变更的数量如此之多，发生灾难的可能性也同样巨
大，这意味着团队经常争先恐后地寻找办法来解决一系列意
想不到的问题。对于这样一个压力山大的活动来说，发布派
对是大家一起扼腕长叹的时刻，又熬过了一次发布，并为幸
存下来而松了一口气。是的，快速交付的团队确实不再"过
那样惊险刺激的生活"了。

值得庆幸的是，发布派对还是可以举行的。即使在产品
处于不断变化的环境中，Scrum 团队仍然需要抵达重要的里
程碑、实现目标、满足利益相关者。与其庆祝"从发布中幸
存下来"的这种尴尬成就，它们还有更有价值的事情要庆祝。

现在怎么办

在本章中，我们探讨了僵尸 Scrum 团队不能快速交付的
常见症状和原因。快速交付并不是奢侈品或可有可无，而是
减小复杂工作的不确定性和降低风险的最有效方法之一。它

是经验主义过程控制（ Empirical Process Control ）的核心。通过快速交付，有很多机会可以验证有关产品的假设，并根据需要进行调整。在复杂工作的世界里，快速交付确实既是一种生存策略，又是一种资产。

你的 Scrum 团队或组织是否在为做到快速交付而艰难努力？不要担心。下一章内容包含了一系列的实验、策略和干预措施，你可以开始用它们来治愈僵尸 Scrum。

第8章　实验

一部僵尸电影中如果没有一群愚蠢的人跑来跑去，让观众可以观察他们是如何失败地处理这种情况，那就不好玩了。

—— George A. Romero, *Night of the Living Dead*

在本章中：

- 探索 10 个实验，以便开始更快地交付。

- 了解这些实验对这些幸存下来的僵尸 Scrum 团队的影响。

- 如何操作每个实验以及需要注意的事项。

在本章中，我们将分享一些实用的实验来开启快速交付。有些实验的目的是创造透明度，让你知道不能快速交付的后果是什么，而其他实验则是为了迈出最初的一小步。虽然实验的难度不同，但每一个实验都会使下一步的行动变得更容易。

实验集：创造透明度和紧迫感

对于僵尸 Scrum 盛行的组织来说，快速交付的整体意义往往难以理解。它们要么认为快速交付对它们来说是不可能的，要么认为快速交付的效率比一次性发布所有的东西要低。为了缩短这一差距，下面的实验通过展示团队不能（更）快速交付的情况来创造紧迫感。

为持续交付做一个商业案例

持续交付是从代码提交到发布的过程中，将发布流水线自动化的实践。如果没有持续交付，快速发布是困难和耗时的，甚至是不可能的。不幸的是，一些团队总是通过"再手动做一次"大爆炸式的发布，不断推迟它们持续交付的梦想。或者管理层不想在持续交付上投资，因为这会占用交付更多新功能的时间，他们忘记了每次手动发布已经耗费了团队很多宝贵的时间。

如果持续交付的承诺不能说服别人投资于它，有一件事可以帮忙，就是把这个承诺变成可以量化的东西。通过部署流水线的自动化，实际上可以节省多少钱和时间？这个实验是一个很好的例子，它可以说明 Scrum Master 如何利用透明度来推动"检视"和"调整"。

投入 / 影响比率

投入	☆☆☆☆☆	这个实验需要一些准备工作、计算工作以及持续交付的当前和期望状态的研究工作
生存影响	☆☆☆☆☆	除了让他们面对所做决定带来的经济后果，没有什么能把僵尸从沉睡中惊醒了

步骤

要尝试这个实验，请做下列工作。

1. 对于一个典型的发布，在时间轴上描绘出当前的部署流程（包括团队内部和外部的流程）。确保考虑整个流程，直到可以与用户互动。它涉及哪些手动任务？例如，"撰写发布说明""通过预发布流程""构建部署包""在部署前执行备份""在服务器上安装部署包"。你可以自己准备这个时间表，也可以和 Development Team 一起准备。

2. 如果有机会，可以在几次版本发布中，对每项手工任务所耗费的实际时间进行计时。这可以给你最可靠的数据。或者请大家估算一下他们通常在每项任务上花费的时间。

3. 根据收集的数据，计算出每个步骤平均所需的时间。如果有一个以上的人参与，就把他们的时间加起来。此外，将某一次的版本发布的所有手工任务所花费的时间加起来。现在你有了一个指标，可以告诉你每次版本发布可能会有多少时间被浪费在手工作业上。

4. 当你有实际发布的数据时，也可以统计包括修复 bug、执行回滚操作和处理发布后的返工所花费的时间。

5. 确定你的组织中开发人员的时薪。如果无法获得这些信息，可以使用在线计算器将平均工资转换为时薪。例如，大多数西方国家的人工费用为每小时 30 美元。将时薪与整个发布中每项任务的总时间相乘，计算出该版本发布的成本。

6. 现在你有了一次涉及所有手工操作发布的成本数据，以及每个人花费的时间。例如，发布一个新版本到生产中可能需要 200 个小时，如果你使用 30 美元的时薪，这就是 6 000 美元。如果你的组织每年发布产品 12 次，这个成本就会高达 72 000 美元。

7. 请你与 Product Owner 一起考虑花费在手工任务上的总时间。粗略地估计一下，如果能把这些时间花在实现 Product Backlog 中的更多工作上，可以交付多少价值？

8. 召集相关人员，询问他们在哪些方面自动化既可以减少手工劳动，又能创造时间来完成更有价值的工作。这里的目的不是要把所有的事情都自动化，而是着眼于团队认为最有可能自动化的地方，而且是收益最可观的地方。很明显，自动化任务需要投资，而现在你可以用组织从中获得的收益来抵消这一成本。

我们的研究发现

- 对于版本发布的高成本，人们的第一反应可能是降低发布的频率。你可以强调这一点来反驳这种情况，随着变化（即复杂性）的增加，捆绑式发布只会使版本发布变得风险更高和更昂贵。通过自动化一部分的流程，你可以有效地赋能组织来降低每个后续版本的风险和成本，让自动化成为你对未来的投资。

- 乏味的手工操作有一个副作用，即使手工操作很有必要，但大家也倾向于绕过它，或者尝试捷径，这将会导致非预期的额外工作发生。自动化流程不会让人感到厌烦，也不受这种限制。你可以给衡量指标增加一个维度，估算在每次版本发布后，有多少时间花在了修复本应该避免的问题上，而这些问题正是由执行手工操作所造成的。

测量前置时间和周期时间

当大家不在意 Product Backlog 中的事项在组织流程中的某个地方"进行中"了多久时，僵尸 Scrum 就会慢慢地发展起来。PBI 只有在交付利益相关者时才有价值。不及早地发布这些 PBI 本质上就是一种浪费，因为这些 PBI 在流水线的整个生命周期中都必须被跟踪、管理和协调。

这个实验的目的是通过两个相关的指标来为这种类型的浪费创造透明度：前置时间（Lead Time），即从利益相关者的需求加入 Product Backlog 开始到成功发布了满足该利益相关者的需求之间的时间；周期时间（Cycle Time），即从一个待办事项开始工作到发布之间的时间。周期时间始终是前置时间的一部分。前置时间和周期时间是衡量敏捷性的重要标准，它们越短，你的交付速度就越快，你的响应能力就越强。在僵尸 Scrum 的环境中，这些时间要比 Scrum 运作良好团队长很多。图 8.1 说明了这一点。

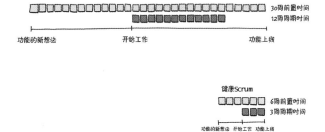

图 8.1　僵尸 Scrum 和健康 Scrum 之间的前置时间和周期时间比较的例子。这些数据来自两个真实团队

投入 / 影响比率

投入	☆☆☆☆☆	这个实验需要收集一些数据，进行计算并保持耐心。没有太多花哨的东西
生存影响	☆☆☆☆☆	最终，周期时间和前置时间是绝对有效的指标，可以在关键时刻推动变革，促进生存率的提高

步骤

要尝试这个实验，请做下列工作。

1. 为了使这个实验有效，你需要分析 Product Backlog 中的每个待办事项并追踪三个时间点。你可以跟踪所有待办事项的日期，也可以跟踪一个样本的日期。为每个待办事项添加创建日期。这是一个待办事项被添加进 Product Backlog 中的时刻[1]。每当一个待办事项被加进 Sprint Backlog 中，就把当前日期记录在待办事项上，以跟踪团队何时开始工作。最后，记录该待办事项提供给利益相关者的日期。这是实际发布的时刻，而不是团队认为该待办事项"可能可以发布"的时刻。

2. 每当发布一个新版本给利益相关者时，都要计算出前置时间和周期时间（以天为单位），并将这些时间与事项一起保存。记住，周期时间是指从团队开始对事项进行工作到发布之间的天数，前置时间是指从加入 Product Backlog 到发布之间以天为单位的时间。这样做一段时间后，你会至少收集到 30 个事项的数据，从统计学上来说，数据越多越好。

3. 以天为单位计算出平均水平的前置时间和周期时间，并把它们画在白板纸上。前置时间是"利益相关者等待我们

---

[1] 如果从识别出待办事项到它最终出现在 Product Backlog 中通常要经过很长时间，那么就跟踪待办事项被确定的时刻，以获得更准确的信息。

帮助他们的时间"，周期时间是"我们完成任务的时间"。如果持续跟踪这些指标，你可以证明随着时间的推移，情况会有所改善。本章中的大多数实验都能帮助你减小这两项指标值。

4. 使用周期时间和前置时间作为 Sprint Retrospective 和整个组织级工作坊的输入内容，聚焦于减少这些时间。可以做些什么来缩短这两个时间呢？谁需要参与其中？在哪里有严重阻碍缩短前置时间的障碍呢？

5. 每个 Sprint（甚至更频繁）都要重新计算周期时间和前置时间，以监测进展并识别出进一步的改进措施。

我们的研究发现

- 来自利益相关者的需求可能大到需要进行梳理细化。在这种情况下，需要将梳理细化出来的较小代办事项保持相同的创建日期。

- 在任何产品可以发布给利益相关者之前，一些 Scrum 团队需要其他部门、团队或人员配合做些额外的工作。例如，可能需要一个团队执行质量保证，进行安全扫描或实际安装。在任何情况下，一个产品的发布日期应该仍然是该产品实际提供给利益相关者的日期。把你的团队工作移交给其他团队的日期作为发布日期是一个欺骗自己（和组织）的好方法，让大家都认为一切进展顺利。

- 为了简单起见，我们把平均周期时间作为一个粗略的指标。更精确的方法是使用散点图（Scatter Plots）和置信区间（Confidence Intervals）。[1]

- 即使你挑选的待办事项大小不一样，也不用担心。因为我们用的是平均数，所以差异是平均的。只要确保工作量（粗略来讲）对于一个 Sprint 来说是足够小的即可。

测量利益相关者的满意程度

询问利益相关者对你们的工作有多满意，实质上等于询问你的工作对他们有多大的价值。他们是否认为你们足够好地响应了他们的需要？他们是否认为投入的时间或金钱带来了足够高的价值？这个实验是在你与利益相关者的合作中应用经验性过程控制的一个简单方法。现在，你可以根据客观数据做出决策，而不是根据利益相关者的满意度进行假设。

---

[1] Vacanti, D. S. 2015. *Actionable Agile Metrics for Predictability: An Introduction*. Actionable Agile Metrics Press. ISBN: 098643633x.

投入 / 影响比率

投入	☆☆☆☆☆	问一个利益相关者很容易，问 1 000 人就难得多了。你想多难就多难吧
生存影响	☆☆☆☆☆	开始跟踪利益相关者的满意程度（以及正在向他们提供多少价值），就像对僵尸 Scrum 进行休克治疗

步骤

要尝试这个实验，请做下列工作。

1. 确定你最重要的利益相关者。不要欺骗自己，不要把那些与你的产品没有实际利害关系的人包括进来。请参考第 5 章的内容进行区分。

2. 从经常测量利益相关者的满意程度开始。使用下面这些步骤的问题作为灵感。你不必问每个人，抽样就可以了。样本越大，你的结果就越可靠，因为得分的分布变得更加正常，不容易出现极端情况。我们喜欢把得分（以及历史趋势）展示在团队能天天看得到的办公区。这也是在 Sprint Review 或 Sprint Retrospective 期间可以检视的东西。

3. 一个理想的用来测量利益相关者满意程度的机会是 Sprint Review 的最后时刻，并且你的利益相关者要亲临现场。

4. 设置一个简短的调查来测量利益相关者的满意程度。可以通过简单的纸质表格或电子表格进行调查。保持调查的匿名性和简短性可以消除人们参与调查的障碍。要确保跟大家解释获取这些数据将如何帮助你提高团队效率。

你可以使用下面的问题作为开始，也可以用自己的问题来代替。每个利益相关者的满意程度由他们在四个问题上的平均分来表示（等级 1 ~ 7）。你可以通过计算个人得分的平均值来计算群体的满意程度。

1. 从 1 分到 7 分，你对我们基于你提出的问题、需要和事项的响应度有多满意？

2. 从 1 分到 7 分，你对我们基于投资的金钱或时间（或两者）所交付的结果有多满意？

3. 从 1 分到 7 分，你对我们交付的功能、更新或修复的速度有多满意？

4. 从 1 分到 7 分，如果我们继续像现在这样工作，你预计六个月后的满意程度如何？

我们的研究发现

● 当你计算利益相关者群体的平均数时，请记住，平均数对极端分数的敏感性。一个非常满意或不满意的利益相关者会使结果失真。一个非常粗略的结论是，对于参与者少于 30 人的小组，中位数（Median）比平均值（Average）更可靠；对于参与者少于 10 人的小组，众数（Mode）比中位数[1]更可靠。

- 不要用这些数字作为比较各个团队的指标。每个团队都是不同的。相反，让每个人（包括利益相关者）都参与到对数字的理解中来，如果它们很小，你们要考虑如何一起努力来增大它们。

实验集：开始更频繁的交付

一旦 Scrum 团队了解到快速交付如何赋能它们降低复杂工作的风险，它们的下一个挑战就是消除阻碍实现这一目标的绊脚石。下面的实验可以帮助你在这些方面做出改进，使你的团队能够更快速地交付。

迈出实现自动化集成和自动化部署的第一步

自动化是快速交付的主要推动因素。如果没有它，一个团队在每次发布时必须进行的重复性手工工作就会成为一个巨大的障碍。这种繁重的工作可能导致它走捷径，特别是使它减少在手工测试上花费的时间，并危及产品的完整性。

但是自动化也会使团队不知所措，特别是当它们想在一

---

[1] 中位数就是当你把所有的数值从低到高排序时的中间值，或者当观察值是偶数个时，通常取两个中间值的平均值。众数是指出现频率最高的数值。

个从未考虑过自动化的遗留系统上改进时。应该从哪里开始呢？如果它们不能控制系统中重要的流程怎么办？它们怎样才能处理系统内部庞大的依赖关系并解决技术难题？

与其完全回避这段过程，不如从它们可以掌控的简单事情开始。这个实验基于"15% 的解决方案"[1]，这是一个释放性结构工具，旨在通过一个小的改变引发更大的变化。一个15% 的解决方案就是在没有别人的批准或提供资源的情况下，完全由自己决定行动的第一步。这是一个建立信心的好方法，庆祝小的成功，并强壮自己来渡过难关。

投入 / 影响比率

投入	☆☆☆☆☆	自动化很难，但确认和执行第一步并不难
生存影响	☆☆☆☆☆	既然你在非自动化的情况下无法真正做到更快地交付，那么你的生存概率会大大提高

步骤

要尝试这个实验，请做下列工作。

1. 为将持续两个小时的工作坊安排一个足够大的房间，并邀请你的团队。让大家自愿加入会议，而不是被指派加入。根据这个实验的例子，在墙上或地板上准备一张价值 /

---

[1] [法] 亨利·利普曼 诺维奇，[美] 基思·麦坎德利斯 . 释放性结构：激发群体智慧 [M]. 储飞，曹宝祯，译 . 北京：中国广播影视出版社，2022.

投入画布（见图 8.2）。

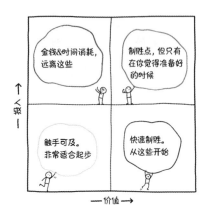

图 8.2　价值/投入画布是一个快速挑选最可行选项的好工具

2. 开始一个充满希望的旅程，而不是停留在沉闷的当前。请大家站起来，两个人一组，谈谈如果更多地实现自动化，大家的工作会是什么样子。什么将变得更容易？哪些事情将变为可能，而现在却没有？在不同的结对中重复这个过程两次。3 分钟后，请大家再组成新的小组。重复这个过程，直到每个人都参加过三组配对。最后，大家聚在一起用几分钟时间来分享最令人惊讶、最有影响或最重要的变化。

3. 现在你已经帮助大家创造了一个充满希望的愿景，让我们回到当前的现实情况。再次请大家用几分钟的时间静下心来，写下大家为实现愿景可以执行的 15% 的解决方案。这 15% 的解决方案是团队现在就可以做的事情，不需要审批，也不需要从他人那里获得资源的支持。例如，"用自研包来替代第三方外部库""为 X 创建一个合格的 Unit Test""让 Dave 给我们访问云服务器的部署权限"。几分钟后，请大家以小组为单位分享他们的想法，并想出更多的方法。4分钟后，请每对再组成 4 人小组，继续分享和构建他们的想法，再过几分钟。请 4 人小组把他们最有可能执行的 5 ~ 8 个想法写在便笺纸上，以便下一轮讨论。

4. 介绍价值 / 投入画布。为了给大家一个参考，请大家列举出一个非常容易实现的解决方案（例如，每小时自动检查网站是否还在运行）和一个非常困难的例子（例如，当新版本在部署过程中失败时可以自动回滚）。把这些例子放在画布上，然后请各小组用 10 ~ 15 分钟的时间来决定他们每个人的解决方案在画布上的位置。不管解决方案带来的影响是大还是小，都将它们放到画布上。

5. 当把所有的解决方案摆放到画布上后，花 15 ~ 20 分钟与你的团队一起选择你们想在下一个 Sprint 中执行的解决方案。从"快速制胜"（低投入，高影响）的解决方案开始，晚些考虑那些"消耗更多时间和金钱的"（高投入，低影响）的解决方案。如果有很多选择，那么让大家投票，在大家认为能带来最大利益的事项上点上有限的几个圆点。如果你把这个实验作为 Sprint Retrospective 的一部分来做，就把这些选择的事项放在 Sprint Backlog 中。如果你在 Sprint Retrospective 之外实践这个实验，就把它们放在 Product Backlog 中。

6. 根据需要重复这个实验，持续在自动化方面取得进展。利用"快速制胜"来建立大家的信心，相信变革是可能的，并以此开始，大胆尝试那些"触手可得"和"制胜"的解决方案。

我们的研究发现

- 最终落在画布"高投入"半区的方案，几乎都不是 15% 的解决方案。你可以再做一轮来完善它们，目的是识别出哪些是开始这些解决方案的第一步的工作。

- 为了让你的解决方案能够落地，尽量让 Product Owner 参与进来，因为你可能需要他们的帮助和授权。这也是一个让 Product Owner 了解快速交付所涉及的复杂问题的好方法，同时提出他们自己的观点，说明什么是他们认为最有价值的。

演进你的 DoD（完成的定义）

你的 DoD 是管理每一个 Product Backlog 事项实施的一套规则。要被认为是"完成"，每个事项都必须符合"完成"的定义。这个定义通过围绕大家对所做工作的质量和专业程

度来设定明确的目标，从而减少返工和质量问题。用好 DoD
有三个步骤：

1. 有一个 DoD；

2. 在实际工作中使用 DoD；

3. 逐步演进完善 DoD，使其更加专业。

如果你没有 DoD 或者还没有使用它，就不得不首先处
理这个问题，之后逐步扩大它的定义，以达到快速交付。

投入 / 影响比率

投入	☆☆☆☆☆	这个实验很简单。但是，通过你的部署过程来创建透明度可能并不简单
生存影响	☆☆☆☆☆	一个有效的、雄心勃勃的 DoD 可以成为一个强大的工具，指导你走上快速交付的道路

步骤

要尝试这个实验，请做下列工作。

1. 召集你的 Scrum 团队，熟悉你当前的 DoD。确保它
准确地代表你们目前正在做的事情。Sprint Retrospective 就
是一个定期做这件事的好机会。

2. 提出问题："如果我们想在 Sprint 结束后立即发布，在
DoD 中应该增加什么规则以确保有高质量的结果？"为了让
每个 Product Backlog 事项和整个增量都达到"完成"，并在

Sprint 后立即发布，除了目前的 DoD，还有哪些检查是必要的？甚至可以包括那些在目前看来完全不可行，但对保证高质量的发布至关重要的规则。我们可以在第二张清单上收集这些额外的规则，这就是差距清单。

3. 你现在有两张清单：一张是你现在的 DoD；另一张是你们还没遵守或还无法遵守的规则清单。第二张清单代表了你们现在所做的事情和为了降低复杂工作的风险所需做的事情之间的差距（见第 4 章）。在差距清单上的每一事项都将会移除或减少当前存在的风险。差距越大，你们将承受的风险越高，需要做的工作就越多。大多数僵尸 Scrum 团队在开始时都有很大的差距。当你发现自己处在一个严重僵尸化的环境中时，最好的策略是通过做一些小的改进来开始扩大你的 DoD，而不是追求巨大的转变。

4. 问问你的团队："为了在 Sprint 结束后能够立即发布，我们的第一步是做什么？什么事情是不需要批准或无须访问其他资源就可以做的？需要涉及谁？在哪里可以得到帮助和支持？"在团队遇到困难的时候，本章中的实验"迈出实现自动化集成和自动化部署的第一步"和"每一个 Sprint 都要交付"会对你有所帮助。确保提出具体的、可操作的步骤，如将某些任务自动化或让大家参与进来一起扩展你们的DoD。

5. 在即将到来的几个 Sprint 的 Sprint Backlog 中增加一两个行动步骤。把你们的 DoD 和差距清单清晰可见地呈现在团队附近。与利益相关者就 DoD 和差距清单进行合作，他们是你的天然盟友。一个不断扩展的 DoD 可以提高质量，并使利益相关者更快地得到价值。不断地询问团队："我们能找到哪些创造性的解决方案，将差距清单上的待办事项纳入我们的 DoD，并预防相关的风险呢？"

我们的研究发现

- 把更大的改进活动分解成你能在一个 Sprint 内实际完成的事项。采取小步快跑比大踏步慢行更有帮助。

- 如果你已经能够在 Sprint 后立即发布，就可以对这个实验设定更加高的目标，让你的团队考虑增加新的规则或步骤，提高团队在 Sprint 期间单独发布每一个 PBI（产品待办事项）的能力。

- 确保你的改进活动与你们的业务需要一致。只有当 Scrum 团队中的每个人和利益相关者都参与进来时，才可以将 Sprint 期间相当多的时间用于改进。

每一个 Sprint 都要交付

当你在开发一个新产品时，你有时可能想推迟发布，直到计划中的所有事情都完成了。Development Team 可能会担心它的工作质量不够好，从而推迟发布产品。Product Owner 可能想推迟交付，因为想增加更多的功能来提供更多的价值。这些决定有时可能是正确的，但那些不断推迟发布的 Scrum 团队是在将自己置于失败的境地。偶尔发布消除了 Scrum 团队改进它们的产品和按照自己的工作方式工作的压力，并让坏习惯占据了上风。这样就有机会让 Product Owner 将越来越多的未知价值的功能堆积到越来越大的发布中，延迟了反馈，增加了浪费，也失去了用户通过真正有用的功能将价值变现的机会。

这个实验是要把发布的压力提前。本实验不认为快速交付是一种奢侈，而应将其作为一项原则，以实现基于反馈的学习，Scrum 团队只有通过快速交付才能获得反馈（见图 8.3）。

图 8.3　开发团队继续为产品添加更多细节，然而客户却迫切需要一个更简单的版本

投入 / 影响比率

投入	☆☆☆☆☆	这个实验是一个重要的飞跃。它需要信任、专注和勇气
生存影响	☆☆☆☆☆	当你目前发布的频率很低时，这个实验就像一针维生素增效剂。它将使你清楚地知道障碍在哪里

步骤

要尝试这个实验，请做下列工作。

1. 与你的 Scrum 团队一起，探讨当发布频率很低时发生了什么。他们会犯什么错误？风险在哪里增加？作为一个实验，在之后 5 个或更多的 Sprint 中设定每个 Sprint 结束时的最低限度的发布目标。

2. 一起探讨第 7 章末尾讨论的不同的发布策略。从你要在每个 Sprint 都发布的原则来看，哪些策略是最可行的？

3. 一起商定你将如何庆祝产品的发布。Product Owner 会带零食吗？发布之后你们会去喝一杯吗？你们会一起看一部僵尸电影吗？请邀请你们的利益相关者参与到庆祝活动中来。

4. 追踪上次发布后发生的 Sprint 数量，并在 Sprint Review 和 Daily Scrum 中提醒注意这个数字。利用 Sprint Retrospective 来研究团队通过更频繁的发布所取得的成果。

5. 如果团队无法进行发布，找到你们不这样做的原因，这些是你要关注的障碍。例如，团队可能缺乏执行发布的技能，或者可能要依赖其他团队来做。技术和基础设施可能不支持它或者 Product Owner 没有发布的授权。

6. 将自上一版本发布以来的 Sprint 数量和阻碍的因素呈现在团队周围，使其透明化。

我们的研究发现

- 这个实验是一个飞跃，需要 Scrum 团队的尊重和信任。当你（发起这个实验的人）没有这个能力时，请先关注其他实验。

- 你的团队可能对发布没有控制权。如果不能改变发布的频率或对其进行更多的控制，你可能不得不接受一个不完美的替代方案：在一个过渡或验收测试环境发布。尽管你不会获得向实际利益相关者发布的好处，对比完全不发布，你仍然能学到更多的东西。在你的 Sprint Review 中使用这个环境，与利益相关者一起检视你的增量。

- 你的利益相关者是你的天然盟友。让他们参与进来，帮助你移除那些阻碍你更快地为他们提供价值的障碍。

提出有力的问题以完成工作

当 Scrum 团队挣扎于在每个 Sprint 构建一个"完成"的

增量时，快速交付是很困难的。这通常是因为团队成员在同时处理太多的事项，并且很难完成其中的任何一个。随着Sprint 结束的临近，团队成员急于完成所有正在进行的工作，压力也随之增大。这个实验可以帮助你提出强有力的问题，帮助开发团队保持对 Sprint 目标的关注。

你可以温和地挑战开发团队成员在 Sprint 期间的合作方式。像心理学家一样，你可以提出一些强有力的问题，这些问题大家都知道应该回答，但可能因为不方便回答而回避。每天的 Daily Scrum 是一个很自然的问这些问题的机会，因为这是（至少是）协调合作沟通的时候。

投入 / 影响比率

| 投入 | ☆☆☆☆☆ | 除了在 Daily Scrum 期间提出问题之外，不需要特别的技能 |
| 生存影响 | ☆☆☆☆☆ | 当 Scrum Master 将他们的角色转变为询问本实验中描述的各种问题时，一切都开始发生变化 |

步骤

在参与这个实验之前，先与 Development Team 进行一次公开的对话，讨论你是否可以通过偶尔提出强有力的问题来帮助他们思考。这里有一些问题的例子，当人们谈论正在进行或计划进行的待办事项时，你(或其他人)可以这样提问：

- 致力于这个 Product Backlog 事项的工作如何帮助我们实现 Sprint 的目标？

- 如果你是一个利益相关者，为了实现 Sprint 的目标，我们今天要做的最有价值的事情是什么？

- 与其开始着手新的工作，你在哪些方面可以帮助别人完成他们正在进行的工作？

- 别人在哪些方面可以帮助你完成这个事项？

- 是什么让我们无法完成这个事项？我们在哪里需要帮助？

- 如果我们停止这个事项的工作，这会对我们的 Sprint 目标产生什么影响？

- 在我们目前的工作中，最大的瓶颈是什么？为了消除它，我们今天可以做些什么？

- 如果我们开始着手新的事项，而不是在已经进行的事情上努力，这将怎样能增加我们实现 Sprint 目标的可能性？

试着在几个 Sprint 中这样做，看看会发生什么。你可能会注意到，其他人开始互相问类似的问题。学习提出正确的问题，以及如何提出这些问题，也是 Development Team 必须学习的一项技能。

我们的研究发现

- 提出强有力的问题并不难。具有挑战性的是以友好和邀请的方式提出问题，而不是听起来居高临下并卖弄学问。练习提问并征求反馈意见。

- 如果你觉得用问题打断别人很不舒服，或者你注意到别人对你的出现有抵触情绪，你可以与 Development Team 约定一个示意，让它们用这个示意来让你知道它们开放接纳强有力的提问。

实验集：优化流动

当团队艰难地在一个 Sprint 内奋力完成 Sprint Backlog 中的待办事项时，就很难快速交付。造成这种摩擦的原因有很多。一个团队可能缺少技能，或者它们所做的事项太大，或者它们可能同时正在做太多的事情。下面的实验可以帮助你通过消除瓶颈和在同一时间处理更少的事情来优化流动。

利用技能矩阵提高跨职能的能力

你的团队是否因为只有一个人有能力做测试工作而遇到了瓶颈？你团队中的一个开发人员是否在奋力实现一些东西，而在他（她）完成之前，其他人都无法继续把工作完成？团队成员是否仅因为无事可做而不得已开始从事不相关的、低价值的工作？当团队不能够跨职能时就会出现这些症状，导致一些人的工作堆积如山，而另一些人的工作则被拖延。

Scrum 框架是建立在跨职能团队的基础上的，因为它们能够更好地克服在处理复杂问题时出现的不可预测的困难。

当事项在你的工作流程中顺畅地流动时，你的团队就足够跨职能了。跨职能并不意味着每个人都能执行任何任务，也不意味着你的团队中针对每一种技能都必须有至少两名专家。通常情况下，只要有另一个拥有某特定技能的人，即使他们在这方面的速度较慢，经验较少，也可以改善流动，足以预防大多数的问题。

本实验为你的团队提供了实用的策略，帮助它提高跨职能的能力（见图 8.4）。

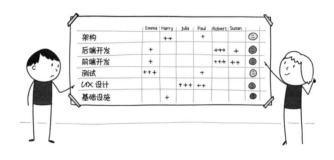

图 8.4　用技能矩阵提高跨职能的能力

投入 / 影响比率

投入	☆☆☆☆☆	这个实验旨在解决僵尸 Scrum 最棘手的原因之一。你可能不得不面对辞职和愤世嫉俗
生存影响	☆☆☆☆☆	找到在你的团队中广度分布技能的方法，它不仅可以改善流动，而且对士气也有好处

步骤

要尝试这个实验，请做下列工作。

1.与你的团队一起，绘制你在一个典型的 Sprint 期间所需要的技能。一起在白板纸上创建一个矩阵，将团队成员与确定的技能进行对比。请大家决定自己拥有哪些技能，并使用加号（+、++、++）对他们的熟练程度进行自我评价。

2.当完成矩阵后，问大家："你们注意到我们团队的技能是如何分布的了吗？哪些是显而易见的？"请大家对这个问题单独思考 2 分钟，然后在小组内思考几分钟。在整个小组范围内，在白板纸上记录重要的规律。

3.询问大家："这对我们的团队工作意味着什么？我们应该把改进的重点放在哪里？"让大家单独思考这个问题，然后两人一组讨论几分钟，最后在白板纸翻页上写下最重要的见解。

4.询问大家："我们应该从哪里开始改进？对我们来说，如果不需要别人的批准或没有额外的资源，那么迈出的最可能的第一步是什么？"让大家单独思考这个问题，然后两人一组讨论几分钟，最后在白板纸上记录下最重要的见解。当大家难以看到可能性时，可以使用下一节中描述的策略作为灵感。

5.把技能矩阵放在你的团队的房间里，并经常更新。你可以把它与基于流的测量联系起来，如吞吐量和周期时间，随着时间的推移和所跨职能的增加，这些测量应该得到改善。请参考实验"限制你的 WIP（在制品）"来学习如何做到这一点。

有许多策略可以改善团队的跨职能性。

- 可以把拥有你们所需要的技能的人加入团队。虽然这是一个看似显而易见的解决方案，但增加拥有技能的人员并不总是可行的。这种解决方案的结构性也值得怀疑，因为它可能会导致"技能大比拼"，即其他技能会成为瓶颈，你不得不增加更多的专业人员。与其保持高度的技能专业化，通常更有效的做法是广度分布技能。

- 可以将那些需要稀缺技能的任务自动化。例如，创建一个数据库的备份或部署一个版本是关键的任务，通常由数据库专家和发布工程师执行。把这些任务自动化之，不仅提高了活动的速度，还提高了这些任务的执行频率，同时也消除了制约因素。

- 可以有目的地限制团队的 WIP（在制品）数量，对开始启动的工作量进行限制，以鼓励跨职能的工作。与其因为没有其他事情可做而开始一个新的 Product Backlog 事项，不如问问"我怎样才能帮助别人完成他们目前的工作？"或者"别人怎样才能帮助我完成这项工作？"Daily Scrum 是一个提供和寻求帮助的很好机会。

- 可以鼓励大家在只有少数几个人可以完成的任务中结对工作。当你让有经验的人和没有经验的人结对时，经验不足的人就会发展新的技能，而两个人都能找到更好的方法来支持对方。例如，让前端开发人员与后端开发人员结对，在出现工作瓶颈时他们更容易相互支持。

- 可以使用诸如《实例化需求》[1] 这样的方法，让客户、开发人员和测试人员共同开发自动化测试用例。类似地，前端框架（如 Bootstrap、Material 或 Meteor）可以使 UI 设计师和开发者更容易用一种共同的设计语言工作于前端元素上。

- 可以组织技术分享工作坊，让擅长某项工作的人展示他们如何完成这项工作，这样可以帮助其他人完成此工作。

我们的研究发现

- 当 Scrum 团队长期受到僵尸 Scrum 的影响时，它们可能已经相信一切都不会改变。你甚至可能会面临一些可以理解的冷嘲热讽。如果遇到这种情况，就从最小、最可能的改进开始，向大家展示改变是可能的，并且值得花时间去实现它。

- 当团队成员的技能需要高度专业化时，他们可能很难看到拓展技能将如何有利于团队。他们也可能害怕失

[1] Adzic, G. 2011. *Specification by Example: How Successful Teams Deliver the Right Software.* Manning Publications. ISBN: 1617290084.

去他们对团队的独特贡献。试着去努力庆祝团队的成功，强调集体成果而不是个人贡献。

限制你的 WIP（在制品）

直观地说，多任务处理让人感觉它是一种完成更多工作的方式。但是，当大家（尤其是在团队中工作时）试图同时处理许多事情时，他们通常很难真正完成任何事情。他们当然很忙，但当他们再次开始一个新任务时，会失去很多时间去重新建立任务的上下文。当你考虑团队是如何工作的，并分析他们真正完成了多少工作时，你会发现，当大家在同一时间进行较少的工作时，团队会完成更多工作。通过限制WIP 来优化流动就是建立在这个反直觉的事实之上。它很适合 Scrum 框架，因为它给团队提供了在 Sprint 期间优化工作的方向。

这个实验是一个很好的起点，可以限制你的 WIP，并且看看因此发生了什么。

投入 / 影响比率

投入	☆★★☆☆	这个实验在正确的位置施压，并可能暴露一些痛苦的障碍，需要创造性和聪明才智来解决
生存影响	☆★★★★	限制 WIP 是在 Sprint 中完成更多工作的最好方法

步骤

要尝试这个实验，请做下列工作。

1. 与你的 Scrum 团队一起建立一个 Scrum 看板，显示 Product Backlog 事项如何在团队的当前工作流中移动（见图 8.5）。例如，当一个待办事项从 Sprint Backlog 中被抽出时，它从 Coding 开始，然后移动到 Code Review、Testing 和 Releasing，最后在 Done 结束。不要一开始就创建很多栏，应从最精简的流程开始。

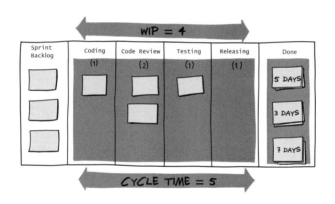

图 8.5　一个带有 WIP 限制和基于流的测量标准的 Scrum 看板的例子[1]

2. 与你的 Scrum 团队一起决定在某一特定时间内允许在任何一栏中出现的事项数量的限制。例如，可以决定在

[1] Vacanti, D. S., and Y. Yeret. 2019. *The Kanban Guide for Scrum Teams*. Scrum.org. Retrieved on May 26, 2020, from https://www.scrum.org/resources/kanban-guide-scrum-teams.

Coding 和 Testing 中分别限制 3 个事项同时进行，在其他各栏中限制 2 个事项同时进行。尽管你想尽可能地限制 WIP，但限制为 1 项也许不太可行。寻找最佳限制是一个经验主义过程，所以要尝试实验不同的限制，并衡量它们如何影响在 Sprint 期间完成的工作量。一个好的切入点是看一下在一个常规的 Sprint 中，某一栏的工作通常有多少事项是在"进行中"的，然后减少正在进行的事项，看看会发生什么。

3. 与你的 Scrum 团队达成协议，在即将到来的及之后的 Sprint 期间遵守 WIP 的限制。在实践中，这意味着只有当某一栏的事项数量少于其限制时，才能将工作拉入该栏。当每一栏都达到最大容量时，有时间并可以结对工作的成员就会去支持正在进行的工作事项，而不是去着手开始更多新工作。你会注意到，这些 WIP 限制通过约束可能发生的事情而给系统带来压力。团队不再简单地增加工作，而是了解到目前团队合作是必不可少的。当某些瓶颈变得明显时，限制也会暴露出问题。例如，当只有一个兼职的成员可以负责测试工作时，工作可能会迅速堆积在 Testing 栏中。

4. 追踪两个基于流的测量将帮助你确定在哪里需要优化，以及如何优化你的限制。第一个是吞吐量（Throughput），或者每个 Sprint 中完成的事项数量。第二个是周期时间，即事项在 Sprint Backlog 栏和 Done 栏之间的天数。追踪周期时间的一个简单方法是，在事件进行的每一天都打上点，然后计算最后的点数。随着周期时间的减少，你的团队会变得更有响应能力，同时也更容易预测。[1] 吞吐量也会随着更多事项的完成和更多价值的交付而增加。

5. 将这些指标作为你的 Sprint Review 和 Sprint Retrospective 的输入，并促使你做决定，来改变对 WIP 的限制。

需要注意的事项

- 要抵挡住在 Sprint 期间改变 WIP 限制的诱惑，但要利用 Sprint Retrospective 进行这种改变。跟踪这些变化对衡量流的影响。更多的时候，增加 WIP 限制本质上是掩盖了潜在的障碍。例如，增加 Testing 一栏的 WIP 限制数量，可以减小团队中一个测试员的压力，但会掩盖你没有足够的人员进行测试的事实。相反，团队要想办法为团队增加更多的测试技能（例如，进行培训、招聘新成员或引入其他测试方式）。

- 说服 Product Owner 和利益相关者来帮助你消除因 WIP 限制而出现的障碍。帮助他们了解消除障碍将如何增大吞吐量和缩短周期，以及为什么这对他们有利。

---

[1] Vacanti, *Actionable Agile Metrics for Predictability.*

切分你的 PBI（产品待办事项）

团队在努力发布产品时遇到的最顽固的困难是，他们的待办事项太大了，无法在一个 Sprint 中完成。事项越大，隐藏的风险和不确定性就越大。当团队在一个 Sprint 中处理2个、3个或 4 个大的事项时，每一次失败或延误都可能导致完全无法交付增量。因此，Development Team 最重要的技能之一是学会如何将大事项拆解成小事项。较小的待办事项可以增加团队的工作流量，提高可预测性，并提供更大的灵活性来决定在哪里增加或减少事项，以实现 Sprint 的目标。这恰恰就是 Scrum 框架中持续进行的"需求梳理"活动的全部内容。

这个实验就是要开始发展这些技能。作为 Scrum Master、开发人员或 Product Owner，可以通过提出强有力的问题来鼓励发展这种技能。这个实验基于释放性结构工具智囊团。[1]

投入 / 影响比率

投入	☆☆☆☆☆	提出问题很容易。想出创造性的解决方案来拆分那些看起来"无法拆分"的待办事项则不容易
生存影响	☆☆☆☆☆	学会在许多小的待办事项而不是几个大的事项上下功夫是你能获得的最有利的技能之一

[1] [法] 亨利·利普曼 诺维奇，[美] 基思·麦坎德利斯. 释放性结构: 激发群体智慧 [M]. 储飞，曹宝祯，译. 北京: 中国广播影视出版社，2022.

步骤

要尝试这个实验，请做下列工作。

1. 与 Development Team 合作，组织一个梳理待办事项的工作坊。允许大家有选择性地参加，而不是强制要求每个人都到场。选择最大的待办事项。如果可能的话，在团队中选定一个成员，最好是 Product Owner，他最有可能非常好地理解这个事项的内容。将本实验中列出的问题打印在卡片上，如果你想的话，还可以增加一些问题。

2. 对于第一个待办事项，邀请对该事项最了解的成员（客户）简单介绍几分钟。团队（顾问们）可以提问几分钟来澄清问题。然后请客户背对着团队，这样他们就不会影响接下来要发生的事情。请团队用 15 分钟的时间来讨论如何切分这个待办事项，可以使用后面列出的问题作为灵感来源。客户可以自由地做笔记，但他们不参与讨论。

3. 客户转身面对团队，花几分钟时间分享他们在聆听时发现的问题。哪些策略似乎是最可行的？给整个小组 10 分钟时间来捕捉他们的想法。

4. 只要人们觉得仍然能从实验中获得价值，就重复进行。也可以对一个待办事项进行多轮讨论，在前几轮讨论的基础上再进行讨论。

以下是一些可以问的有说服力的问题。

- 如果我们只能在一天内实施这个事项，我们会专注于什么？哪些事情可以以后再做？

- 完成这个事项的最简单的方法是什么？

- 当用户在使用这个事项中描述的功能时，会经历哪些步骤？哪些步骤现在可以实现？哪些步骤可以以后再实现？

- 在所有对这个事项都比较重要的业务规则中，哪些是最不重要或影响最小的呢？哪些是可以暂时放弃的，或者可以创造性地找到变通的方法呢？

- 这个事项的"异常路径（Unhappy Paths）"是什么样了的？用户可以通过哪些意想不到的方式与此功能进行交互？哪些是最不常见的方式？

- 在这个事项的验收标准中，哪些是将来实施也不迟的？

- 哪些群体的用户会使用这个功能？哪一个群体是最重要的？如果专注于这个群体，那么需要放弃什么？

- 为了完成这个事项，需要支持哪些设备或展现方式？哪些是最不常见或最不重要的？

- 用户与这个事项会有哪些 CRUD（创建、读取、更新、删除）互动？哪些可以在以后实现，而对现在没有太大的影响呢？

我们的研究发现

- 大多数开发者都热爱自己的工作，具有一定程度的工匠精神，并非常关心自己所做的工作。他们不想交付一些让人感觉不完整的产品，这是一件好事。如果开发人员开始担心对 Product Backlog 事项进行切分会导致不完整或低质量的交付，请你强调切分的目的不是交付不完整的工作，而是要为一个大的事项找到最简单的、可行的实现方法，这个实现方法本身又是完整的、高质量的。
- 实际地进行 Product Backlog 信息更新的工作要在这个工作坊之外进行，特别是当使用 Jira 或 TFS 等工具进行工作时。对于团队来说，等待大家写下这些东西是一件耗费体力的事情。
- 我们的目标不是最终得到一个所有事项的大小都相同的 Product Backlog。相反，要专注于尽可能地拆分每个事项。

现在怎么办

在本章中，我们探讨了帮助团队和组织（更）快速交付的一些实验。虽然各个实验的难度有所不同，但每一个实验都可以带来明显的改进。你正在恢复的迹象包括利益相关者的更高的满意程度、更高的质量和更小的压力。如果仍然被卡在某处，在下面的章节中有更多的实验可以帮助你首先解决其他的问题。不要放弃希望。僵尸 Scrum 的恢复之路可能很漫长，但这是一条值得走的路。

想要找更多的实验吗，新兵？ 在 zombiescrum.org 上有一个超大的武器库。你也可以提供对你来说效果良好的案例，来补充我们的弹药。

第 4 部分

持续改进

第 9 章　症状和原因

僵尸犹存，一切都不会变好。

—— Lily Herne, *Dead lands*

在本章中：

- 了解持续改进的意义。

- 探索最常见的症状和难以改进的原因。

- 发现健康的 Scrum 团队是如何接纳持续改进的。

> **实践经验**
>
> Development Team 已经聚在了一起，漫不经心地参加它们的 Sprint Retrospective。它们抱怨花费的时间太长。一位开发人员总结了其他人的感受，他说："这到底有什么

意义？"但是，既然它们同意尝试 Scrum，就决心把它做到最好。

　　门突然打开，Scrum Master Jessica 冲了进来。"对不起！"她开始说，"我在另一个团队的 Sprint Retrospective 花了比预期要长的时间。"不过她并没有花很长时间来准备，他们以前已经做过很多次了。Jessica 在白板上画了两列，在左边标上"做得很好"，在右边标上"有待改进"。这是她在网上找到的格式，自从三个月前敏捷转型开始以来，她的所有 6 个团队都依赖于这个格式。当她做完后，她要求大家把想到的东西写在便笺纸上，并把它们放在相应的列里。

　　几分钟后，"有待改进"一列中的条目已经多得放不下了，而"做的很好"一列几乎是空的，除了一张便笺纸提到现在食堂里的汉堡更好吃了。说实话，在过去的 7 个 Sprint 中也出现了同样类型的问题。大多数建议都是为了解决他们无法完成工作的问题。该团队的测试人员 Pete 在过去的 3 个 Sprint 中在家办公，并且已经竭尽全力。尽管团队提出要求，但 HR 部门拒绝为它们找一个新的测试人员。相反，他们认为团队应该继续坚持 Scrum，直到 Pete 回来，并且按照当前方式完成待办事项列表中的测试内容。另一个改进与 Product Owner 有关，他不断地把新事项加到 Sprint 中，或者删除团队正在做的事项。虽然 Product Owner 从不参加 Sprint Retrospective，但团队知道他其实没有选择。当敏捷转型开始时，管理层决定让需求分析员成为 Product Owner，因为他们认为需求分析员最有能力将利益相关者的需求变成 Development Team 使用的明确需求。在这样做的时候，管理层并没有赋予这些由需求分析员变成的 Product Owner 的决策权力。因此，当利益相关者立即需要一些东西时，Product Owner 觉得他们别无选择，只能直接将其添加到 Sprint Backlog 中。

Development Team 认为 Sprint Retrospective 是一件毫无意义的事情，所有他们发现的改进在之前已经被提出过很多次了。"给 Product Owner 授权"和"添加一个新的测试人员"是他们的最爱。当 Jessica 问他们如何做时，团队将矛头指向管理层和 HR 部门，认为他们应该消除这些障碍。但一切都没有改变。结果，团队成员对 Scrum 失去了兴趣。

可悲的是，虽然许多 Scrum 团队都在努力识别实际的改进，但只是找到表面的或模糊的改进机会，或者只找到完全不在它们控制范围内的改进机会。在回顾会上，它们所表达的信念和态度表明它们离自我管理和跨职能团队还很远（关于这个话题的更多内容见第 11 章）。例如，团队成员坚持使用他们多年磨炼出来的技能，他们不愿意或无法尝试新事物，他们可能不愿意与其他团队成员分享它们的知识。

在本章中，我们将探讨僵尸 Scrum 是如何阻止 Scrum 团队持续改进的，包括认识到症状和潜在的原因。

它到底有多糟糕？

我们正在通过在线症状检查工具（scrumteamsurvey. org）持续监测僵尸 Scrum 在全球的传播情况。在撰写本书时，参与过该调查的 Scrum 团队中：[*]

- 70% 的团队从不或不经常通过测量来确定改进；

- 64% 的团队不积极与团队以外的人接触，学习新东西或进行专业讨论；

- 60% 的团队从不或很少庆祝它们取得的或大或小的成功；

- 46% 的团队从不或很少鼓励大家学习新东西，阅读专业书籍或参加公开课和大会；

- 44% 的团队的 Sprint Retrospective 并没有为下一个 Sprint 带来改进；

- 37% 的团队认为很难承担尝试新事物所带来的风险。

---

[*] 百分比代表了在 10 分制中获得 6 分或更低分数的团队。每个主题都用 10 ~ 30 个问题来测量。结果代表了 2019 年 6 月—2020 年 5 月期间在 scrumteamsurvey.org 参与自我报告调查的 1 764 个团队。

为什么要持续改进

很少有团队从一开始就能让 Scrum 框架完美运作。就像学习演奏乐器一样，Scrum 需要长期的实践和改进。正如在前面的章节中讲到的，Scrum 与过去团队构建产品和与利益相关者合作的方式有着本质的区别。Scrum 团队通常需要在许多不同的方面进行改进，并克服许多障碍，以达到提高客户满意度的目标。克服这些障碍对团队来说是一个挑战，它们需要找到自己的解决方案。因为每个团队、每个挑战和每个工作环境都是独一无二的，所以简单地从其他地方复制"最佳实践"并期望它们发挥作用是不够的。相反，团队需要尝试不同的方法以找到最适合它们的方法。

当团队使用 Scrum 框架工作时，我们注意到它们经常从一个相对较差的地方开始。但如果它们利用反馈来不断学习和改进，随着时间的推移，它们会取得更高水平的表现。Scrum 指南明确指出，Sprint Backlog 至少应该包括一个从上一个 Sprint Retrospective 中发现的高优先级的改进事项。当团队在每个 Sprint 都专注于消除至少一个障碍时，无论全部还是部分，随着时间的推移，这些小的增量改进会有很大的变化。

什么是持续改进

持续改进是一种学习的形式，不仅适用于单个团队，也适用于整个组织。组织理论家克里斯·阿吉里斯（Chris Argyris）在他的《组织学习》[1]一书中将组织学习定义为一种对错误的检测。当一群人在没有犯（新的）错误的情况下取得他们想要的结果时，学习就会发生。当发现一些障碍或不一致的情况，并产生一个解决方案来纠正它们时，学习也会发生。例如，一个 Scrum 团队发现它们的 Daily Scrum 经常超时，因为一些无关的小讨论不断地影响 Daily Scrum，它们决定将谈话限制在与 Sprint 目标有关的内容上。换句话说，学习既需要发现错误，也需要为其找到解决方案。Scrum 框架本质上具有检测两种错误类型的机制：第一种类型是 Scrum 团队在它们开发的产品中发现的错误，范围从 bug 到对需求的错误假设；第二种类型是如何才能更早地发现这些错误和为检测它们实际做了什么之间的差距。这些都是团队为实现（更多）经验性工作而识别的障碍。阿吉里斯认为，关注这两种类型错误可以让团队和组织以两种互补的方式学习：针对第一种类型错误的单回路学习，以及针对第二种类型错误的双回路学习。

如图 9.1 所示，单回路学习着重于解决现有系统中的问题，这个系统是由一系列信念、结构、角色、过程和规范定义的；双回路学习是对系统本身的挑战。作为单回路学习的一

---

[1] Argyris, C. 1993. *On Organizational Learning.* Blackwell. ISBN: 1557862621.

个例子，一个 Scrum 团队可能探索不同的技术来估算它们的 Product Backlog，以达到预测的目的。Scrum 团队也可能使用双回路学习来挑战预测本身的目的，并寻找其他方法来满足预测的需要。单回路学习的另一个例子是，开发人员试图更快地修复失败的单元测试，双回路学习会让他们质疑为什么单元测试一开始就很容易失败。最后一个单回路学习的例子是，当 Product Owner 试图更好地编写 Product Backlog 中的需求内容时，双回路学习可能会让其先从经验主义过程的角度质疑这些详细需求背后的真正目的。单回路学习提高了当前系统中的可行性，而双回路学习则是挑战和改变系统。双回路学习帮助人们改变（有时是根深蒂固的）假设和信念。

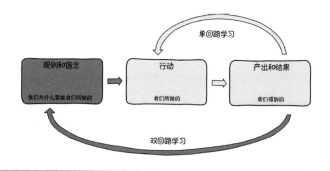

图 9.1   单回路和双回路学习的区别 [1]

尽管两种类型的学习方式对于持续改进都很重要，但阿吉里斯强调双回路学习对于非常规的、复杂的工作尤为重要，在

[1] Argyris, C. 1993. *On Organizational Learning.* Blackwell. ISBN: 1557862621.

这些工作中，团队不仅要不断挑战如何做，还要思考为什么这么做。组织要从基于计划的工作方式过渡到基于经验主义的工作方式，必须经历许多变化，这意味着组织需要采用高效的双回路学习来改变关于风险、控制、管理和专业水平的基本信念。那些发现自己不能改变阻碍它们的规则、规范和信念的组织将很难保持竞争力。不幸的是，阿吉里斯还指出，特别是受过高度训练的专业人员往往难以实践双回路学习，因为这挑战了他们过去曾经成功的做法和技能。

幸运的是，可以有目的性地使用 Scrum 框架帮助团队应用这两种类型的学习，通过围绕完成工作的方式创造透明度，以及创造检视和调整的机会来学习。尽管所有 Scrum 事件都通过检视和调整来帮助团队学习，但 Sprint Retrospective 是最直接反映如何完成工作的活动。如果这种回顾只关注发现新的实践和技术（单回路环），而不涉及挑战潜在的信念和规则（双回路环），那么这种回顾带来的益处是有限的。受僵尸 Scrum 影响的团队往往只限于单回路学习，而不能从双回路学习中获益，因为它们对管理、产品、如何管理人以及如何控制风险的现有信念仍然没有受到挑战。

持续改进还是敏捷转型

许多组织在开始它们的 Scrum 之旅时，都将"敏捷转型"

的重点放在了降低成本、提高响应速度或讨好利益相关者上。管理层请来外部顾问和教练，派团队参加培训，并相应地改变角色和组织结构。就像一只从毛毛虫中破茧而出的蝴蝶，"转型"意味着可以通过协调一致的组织变革计划，在相对较短的时间内从一种状态（例如，基于瀑布的开发）过渡到另一种状态（例如，敏捷和其他价值驱动的方法）。

这些转型很少能成功地将团队变得更具有响应能力。虽然很难找到高质量的研究报告，但我们的"僵尸 Scrum 调查"表明，超过 70% 的 Scrum 团队不经常与利益相关者合作，60% 的 Scrum 团队不能经常交付可工作的产品。从数据中，我们不知道这些团队是否正在（或已经）参与敏捷转型，但结果并没有显示出它们响应能力的巨大转变。这也符合我们对已经进行了敏捷转型的组织观察到的情况。更多的情况是，在响应能力和与利益相关者的协作方面，实际上没有什么变化。如果没有得到有意义的成果，组织就会迅速转向下一个有希望的热门话题，这只是再次重复这一过程。

有一个模型可以帮助我们理解为什么变革如此困难，那就是 Kurt Lewin 的力场模型（Force Field Model,[1] 见图 9.2）。

---

[1] Lewin, K. 1943. "Defining the 'Field at a Given Time.'" *Psychological Review* 50(3): 292–310. Republished in *Resolving Social Conflicts & Field Theory in Social Science*. Washington, D.C.: American Psychological Association, 1997.

Lewin 是群体动力学和行动研究法的先驱之一，他认为社会系统（组织是其中的一个例子）存在于一种平衡状态下，在这种状态下，一些力量推动着某一问题的改变，而另一些力量则阻止这种改变。这些力量包括人们的信念、关于如何完成工作的社会规范、环境中发生的事情，或者人们或群体采取的行动。在任何情况下，当推动变革的力量超过抑制变革的力量时，变革就会发生。随着时间的推移，这种平衡会随着力量的增强或减弱而波动，或者完全改变方向。

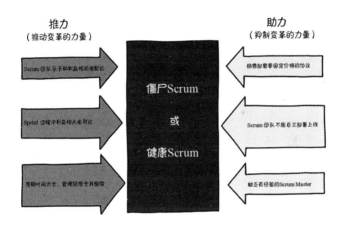

图 9.2　现状往往难以改变，因为推动变革的力量不够强大，无法对抗抑制变革的力量[1]

---

[1] Lewin, K. 1943. "Defining the 'Field at a Given Time.'" *Psychological Review* 50(3): 292–310. Republished in *Resolving Social Conflicts & Field Theory in Social Science*. Washington, D.C.: American Psychological Association, 1997.

这个模型帮助我们理解组织变革的三个重要实际情况。第一，变革永远不会完成（或"实现"），因为任何变革都会在反对力量变得更加强大时退回到早期状态。第二，改变现状是非常困难的，因为有无数有形和无形的力量在支持和反对它。第三，关于如何完成工作的潜藏的现有信念和假设是我们在组织中发现的一些最具约束力的力量。

力场模型展示了双回路学习对于挑战这些信念的重要性。如果 Scrum Master 认为他们本质上是项目经理，对结果负有明确的责任，那么他们将会继续以剥夺 Development Team 的自我管理和持续改进能力的方式行事。而当大家把错误看作不惜一切代价都要避免的事情时，就不可能创造一个让 Scrum 团队能够从错误中学习而不担心受到惩罚的环境。

Scrum 框架不仅帮助团队提高响应能力，还为它们提供了一个不断学习和改进的过程。有些变化涉及单回路学习，团队和组织探索新的技术和实践来完成它们的工作。其他变化涉及双回路学习，其中工作的目的和管理规则本身受到质疑。深入学习可以使那些推动提高敏捷性的力量去克服那些抑制敏捷性的力量，为维持变革创造条件。

为什么没有持续改进

如果持续改进如此重要，为什么在僵尸 Scrum 中没有发生？接下来，我们探讨观察到的常见结果和根本原因。当你意识到这些原因时，就会更容易选择正确的干预措施和实验。这种认知还能与遭受僵尸 Scrum 的团队和组织建立起共鸣，并有助于更好地理解它为何经常涌现，尽管每个人都做了最好的打算。

在僵尸 Scrum 中，我们不重视犯错的价值

当你在处理复杂的工作时，犯错是不可避免的。正如在第 4 章中探讨的那样，复杂的工作本质上是不确定和不可预测的，从事这项工作难免犯错，做出的决定也美中不足，当你不能接触所有事实时，往往会得出错误的结论。一些 bug 会被引入，事后看来很明显的、不正确的假设也会被发现，人们会忘记那些重要的信息。值得庆幸的是，Scrum 提供了一个框架，可以使人们及早发现这些错误，并学习如何预防它们。尝试新事物，让它们不像计划的那样，学习出错的原因，运用所学并再次尝试。简而言之，这就是持续改进。

那些患有僵尸 Scrum 的组织不惜一切代价避免犯错，或者没有意识到它们可以从错误中学习到什么。例如，当 Scrum 团队因为风险太大不能自行部署它们的产品增量时，也许不是每个 Sprint 都发布版本，因为这看起来太难了，还因为有风险，所以才回避一些新技术。当你说 Scrum 框架是

一种快速失败的方法时，人们总是目瞪口呆地回答道："你为什么一开始就想失败？相反，让我们称之为'快速成功'"。还有，"让我们不要谈论'实验'或'最小化可行性产品（MVP）'它们会让人感觉不确定。"他们没有把错误看作学习的机会，而是把错误看作要避免的事情。

需要注意的迹象

- 管理层希望实验被称为"举措"，因为"实验"这个词给人的印象是结果不确定，可能犯错误。

- Product Owner 告诉 Development Team，在它们能够保证产品百分之百没有 bug 之前，不要发布产品。

- 在 Sprint Planning 期间，只选择容易但不太有价值的 Product Backlog 条目。更有价值、风险更大的条目则被忽略。

- Sprint 成果被打包成一次大的，并且不能频繁发布的版本，或者团队交付了它们认为"完成"的增量，但实际上在被部署到生产环境之前还需要其他人做很多工作。

当一个大爆炸式的部署导致重大问题时，它可能会永久地损害公司的声誉，就像 HealthCare.gov[1] 首次发布的糟糕表现，或者期待已久的游戏《无人深空》[2] 在发布后收到的铺天盖地的负面评论。这些大规模的、威胁声誉的错误背后有一个重复模式：所有的风险都累积到开发的最后阶段（即产品最终发布时）。尽管每个人都尽了最大努力，但任何错误（如一个突发的 bug 或糟糕的性能）都会产生巨大的影响。错误可以使一个品牌破产或永久损害产品。一种下意识的反应是进行更多的前期规划和分析，以试图识别潜在的所有风险。不幸的是，这种方法提供了一种错误的安全感：由于复杂工作的性质，大多数风险在你实际完成工作之前是完全未知的。

正如在第 4 章中探讨的，Scrum 框架提供了一个更好的策略，通过将影响范围控制在一个 Sprint（或更少）来减少风险。Scrum 帮助团队减少损失，而不是试图避免不可避免

[1] Cha, A. and L. Sun. 2013. "What Went Wrong with HealthCare. gov." *Washington Post*. October 23. Retrieved on May 27, 2020, from https://www.washingtonpost.com/national/health–science/%20 whatwent–wrong–with–healthcaregov/2013/10/24/400e68de–3d07– 11e3–b7ba–503fb5822c3e_graphic.html.

[2] Schreier, J. 2016. "*The No Man's Sky Hype Dilemma.*" Kotaku.com. Retrieved on May 27, 2020, from https://kotaku.com/the–no–mans– sky–hype–dilemma–1785416931.

的错误，它给团队提供了一个更早发现错误、更快修复错误和减小错误影响的过程。更重要的是，它允许团队通过交付可工作的产品增量并测量结果来改善它们的流程、协作和技术。通过采取这种方法，它们有时会发现正在构建的不是最正确的解决方案，或者它不像预期的那样工作。与团队在交付和测量结果之前花费很长时间相比，这些错误会更小，更容易纠正。通过进行许多小的调整，它们降低了不得不做更大的调整的影响和可能性，就像我们的免疫系统在接触病原体时通常会变得更加强大一样，团队在犯错时变得更有弹性，并从错误中恢复过来。但具有讽刺意味的是，患有僵尸 Scrum 的组织如此投入地从周围的环境中清除所有的病原体，以至于它们最终会从普通的感冒中患上威胁生命的疾病。

试试这些实验，和你的团队一起改进（见第 10 章）：

- 在 Sprint Retrospective 会议上使用强有力的提问；
- 一起深入探讨问题和潜在的解决方案；
- 创建一个低技术含量的测量仪表盘来跟踪成果。

　　每个人都会犯错。你删错了的文档，或者你买到了不粘的便笺纸，或者你在白板上使用了油性马克笔。这种情况时有发生。当还为大家的错误责怪对方时，我们就不能达致相互支持。

在僵尸 Scrum 中，我们没有切实的改善

　　Scrum 框架为成功定义了一个明确的标准：每个 Sprint 都要交付一个潜在的、可发布的产品增量。以此为标准来解决在本书中所谈到的许多困难挑战，你不可能在一夜之间做到。循序渐进、小步快跑，这是你保持变化可控和调动积极性的最佳策略。

　　然而，当大家提出的小步快跑是模糊的、不具体的时候，我们就会遇到严重的问题，如"改善沟通"和"加强与利益相关者的协作"。虽然这些是很好的目标，但它们没有告诉你从哪里开始，以及成功是什么样子。具有改进意识的团队应该这样问自己："当我们更好地沟通时，会有什么不同？""如果我们加强与利益相关者的协作，会是什么样子？"将这些改进具体化，再加上衡量标准，这可以帮助大家知道他们承诺的是什么；模糊的改进很容易达成一致，但更难判断它们是否达到目标，它也使大家很难真正成功地改进和建立信心。

　　还有另一个演变的例子是我们所说的"快乐（Happy-

Clappy）Scrum"[1]（见图 9.3）。在这里，Scrum 团队在网上找到许多互动游戏和引导技术，它们集中精力使 Scrum 事件尽可能地有趣、轻松和有活力。这种现象经常发生在 Scrum 团队无法真正影响障碍因素的时候，它们那些出于好意的改进仍然是浅显的。尽管它们所创造的包容和积极参与的环境也有很大的价值，但当 Scrum 团队没有真正检视它们的结果，并根据反馈调整它们的产品和方法时，这种方法就没有帮助了。Scrum 团队并没有将 Scrum 事件作为机会来消除那些妨碍检视和调整的更大障碍，而是专注于再次打鸡血地鼓励团队在僵尸 Scrum 的荒地上度过另一个 Sprint。但是，不管 Sprint Retrospective 多么有趣，当 Scrum 团队没有了解到它们对真实用户所造成影响的反馈时，它们也不会感觉更好。

图 9.3　虽然乐趣和快乐理所当然地是 Scrum 团队的一部分，但向利益相关者提供价值比它更重要

[1] "happy-clappy" 一词出现于 20 世纪 80 年代，通常是指基督教成员热情的鼓掌，过于表达情感，稍带嘲讽的意味。现在，这个概念已不止于宗教情景。——译者注

无论 Sprint Planning 有多么令人振奋和快速，当利益相关者仍然需要等待一年才能拿到成果时，这不会让他们更开心。

需要注意的迹象

- Sprint Retrospective 根本没有带来任何改进。
- 对于从 Sprint Retrospective 中产生的行动项，不清楚从哪里开始，也不清楚成功是什么样子的。
- Scrum 团队或 Scrum Master 的改进主要集中在让 Scrum 事件更加有趣、有更多的游戏和更多的引导技术。
- Scrum 团队在 Sprint Retrospective 期间不通过检查指标来确定是否有改进。
- 团队成员把执行某个行动项的责任推给其他人，通常是团队以外的人。

　　Scrum 团队需要学习的一项重要技能是如何具体说明要改进的内容，以及如何将改进分解成小步骤。就像把 Product Backlog 中的大事项拆分成小事项让其更容易完成一样，把大的改进事项分解为小步骤使你的改进更可能成功。遭受僵尸 Scrum 之苦的团队要么陷入巨大的、灰心丧气的改进中，如 "Product Owner 应该有更大的授权"；要么迷失在一些含糊不清、没有告诉它们从哪里开始的改进中。

试试这些实验，和你的团队一起改进（见第 10 章）：

- 共创 15% 的解决方案；
- 聚焦于停止做什么；
- 共创改进方法。

在僵尸 Scrum 中，我们没有为失败创造安全的环境

当团队感受到没有给这些复杂工作的不确定性、怀疑或批评留出空间时，它们就无法改进。在遭受僵尸 Scrum 困扰的团队中，它们所处的环境对怀疑和不确定性是不能接受的。它们经常制定各种防御性对策来防止不确定性——从一些巧妙的对策，如改变话题或随意否定反对意见，到一些大胆的对策，如排斥或批评不同意见者。

团队是社会系统。团队内外人员过去的行为形成了社会规范，它决定着人们的互动方式（反之亦然）。当怀疑和不确定被驳回时，它创造并加强了一种社会规范，即批判性思维在"我们在这里是行不通的"。同样的道理，因为人们注意到其他人在遇到困难时从不寻求帮助，所以大家都是得过且过，而不是寻求指导。这些迹象塑造了组织文化。

需要注意的迹象

- 人们对提议行动的担忧、疑惑和不确定性被其他人忽视或嘲笑。

- 成员们私下里互相抱怨，但由于害怕被"排挤"，所以他们从不在团队中表达这些抱怨。

- 当团队成员受困于一项任务时，他们不会向其他人寻求帮助，或者，他们要经过几天的磨合才会这样做。

- 在 Sprint Retrospective 期间的讨论集中在一些细小的改进上，而不是那些明显进展不太顺利的重要事情上。

- 当团队成员在一起的时候，他们从来不会将担忧和疑虑说出来，大多数是通过八卦的方式表达。

- 在团队会议中，团队成员的身体语言是保护性的。大家手臂交叉，靠在墙上（而不是向内），并且远离对方。

社会学家 Edgar Schein 将组织文化 [1] 描述为一个三层的洋葱（见图 9.4）。外层由你在组织中可以看到的工件（Artifacts）和符号（Symbols）组成：从人们的职级或办公室的大小到人们的坐姿或会议上谁先发言。洋葱的核心是人们对彼此和工作所做出根深蒂固的、通常是潜意识的假设（Assumptions）。例如，"经验更丰富的人更值得被关注"，或者说，"当你遇到麻烦时，同事理所当然地会支持你"。在最外层（可观察到的元素）和核心（假设）之间，是人们积极秉持的信念（Beliefs）和价值观（Values），这些是经常出现在文化宣言或工作约定中的东西。

图 9.4　组织文化可以被理解为一个洋葱：从非常明显的工件和符号到深入人心的信念和基本假设 [2]

[1] Schein, E. H. 2004. *Organizational Culture and Leadership*. 3rd ed. San Francisco: Jossey–Bass.

[2] Schein, E. H. 2004. *Organizational Culture and Leadership*. 3rd ed. San Francisco: Jossey–Bass.

当各层次不一致时，组织就会遇到问题。这一点在它们如何处理错误和不确定性方面表现得尤为明显。很少有组织和团队主动支持那种不鼓励怀疑或不确定的价值观，即使它们在工作约定中规定了"有问题就提出来"的规则。当信奉的价值观（中间层）与实际发生的情况（外层）不一致时，人们的信念（核心）就会随着时间的推移而发生相应的变化。

如果团队宣言说你应该"在需要时去寻求帮助"，但在你寻求帮助时没有人帮助你，大家最终会停止寻求帮助。如果信奉的一个价值观是"承认自己的不足"，但领导从不承认自己对某些事情不懂，大家最终也会开始呈现这种表面上的肯定。为了融入社会群体（每个团队都是如此），大家开始自我审查，以适应这个群体。由此产生的虚伪的和谐环境阻碍了持续改进，因为大家不再寻找或挑战进展不顺利的事情。

组织文化就像在道路上形成的车辙马迹。人们对犯错、表现出来的不确定和脆弱已形成根深蒂固的信念，随着时间的推移，组织文化被自己和他人的行为和环境中的人为因素所强化了。车辙越深，改变方向就越难。而对于那些遭受僵尸 Scrum 的团队来说，它们的车辙已经变得特别深。这使创造可以安全学习的环境变得异常艰难。

试试这些实验，和你的团队一起改进（见第 10 章）：

- 在整个组织中分享"障碍简报"；
- 聚焦于停止做什么。

在僵尸 Scrum 中，我们从不庆祝成功

有时，团队会过于关注潜在的改进，而忽略了它们已经在做的所有积极的事情。正如在本章开始时看到的数据，很少有团队有机会庆祝那些或大或小的成功。当人们对成功的贡献从未被认可时，他们会有多么沮丧？

需要注意的迹象

- 当某件事情进展顺利或被做得很好时，大家不会互相称赞。
- 某项改进还没有做得很好或被承认成功，大家就立即转到新的改进项上了。
- 当一个 Sprint 进展顺利时，利益相关者不会做出积极的评价。

当一些人提到"庆祝"这个词时欲言又止，害怕那些虚假的恭维或无端的兴奋。或者他们可能觉得应该先解决全部

问题，然后才能庆祝这迈向成功的一小步。如果每个问题都
需要先完全解决，然后才能为团队取得的进展而感到高兴，
那这就把目标定得太高了。庆祝活动只是对朝着一个目标取
得进展的认可，并不意味着工作的结束，也不意味着压力消
失了。

庆祝成功可以很简单，例如说"谢谢你，做得很好"，
甚至说"谢谢你为改进而做出的努力！"，或者在 Sprint
Review 时带些零食，在 Sprint 结束时去喝一杯。许多遭受
僵尸 Scrum 之苦的团队都深陷泥潭，以至于它们所看到的都
是泥潭。

试试这些实验，和你的团队一起改进（见
第 10 章 ）：

- 烘焙一个发布蛋糕；
- 分享成功的故事来建设可能性。

在僵尸 Scrum 中，我们不关注工作中人的因素

正如之前所探讨的，缺乏心理安全感的 Scrum 团队很难
学习和改进。这两者都需要尝试新事物和公开讨论错误。组
织心理学家 Amy Edmondson 将心理安全描述为"一种共同

承担风险结果的共同信念"[1]。她的研究表明，心理安全是团队和个人进行学习的重要推动因素。

遭受僵尸 Scrum 的组织很少在人的因素上花时间。它们要么认为没有必要，要么认为员工会表现得很专业，因此它们会隐隐约约地暗示，把时间花在工作约定上、谈论一些紧张关系、相互了解，以及团队建设都不被认为是"真正的工作"。它们没有意识到，团队是具有重要社交需求的社会系统。

需要注意的迹象

- Scrum 团队的组建经常被团队以外的人调整，并且 Scrum 团队没有时间重新建立团队内的安全和信任。

- Scrum 团队的组建完全基于技能和经验，而不是基于个人选择、背景多样性或行为方式。

- Scrum 团队没有获得时间或支持来学习怎样做决定、如何处理人际冲突，以及如何安排工作。

我们不能将社会、认知和组织心理学家几十年来的研究简单总结为人的因素对工作的巨大影响，但我们已经了解到：

[1] Edmondson, A. 2009. "Psychological Safety and Learning Behavior in Work Teams." *Administrative Science Quarterly* 44(2): 350–383.

- 为了成为有凝聚力团队中的一员，人们很可能会自我反省、批判和怀疑，以至于做出不道德或不负责任的决定（群体思维）[1]。

- 人们将成功归因于自己的行为，将失败归因于环境，即使事实并非如此（基本归因错误）[2]。

- 让人们在同一时间处理不同的复杂任务，会对他们在每项任务的执行中产生负面影响[3]。

- 人们很快就会顺从他们群体的决定，即使他们知道这些决定是明显错误的（同伴压力）[4]。

- 人们拒绝与他们信念明显不符的事实（认知失调）[5]。

[1] Janis, I. L. 1982. *Groupthink: Psychological Studies of Policy Decisions and Fiascoes.* Boston: Houghton Mifflin. ISBN: 0–395–31704–5.

[2] Ross, L. 1977. "The Intuitive Psychologist and His Shortcomings: Distortions in the Attribution Process." In L. Berkowitz, ed., *Advances in Experimental Social Psychology*, pp. 173–220. New York: Academic Press. ISBN: 978–012015210–0.

[3] Rogers, R., and S. Monsell. 1995. "The Costs of a Predictable Switch between Simple Cognitive Tasks." *Journal of Experimental Psychology* 124: 207–231.

[4] Asch, S. E. 1951. "Effects of Group Pressure on the Modification and Distortion of Judgments." In H. Guetzkow, ed., *Groups, Leadership and Men*, pp. 177–190. Pittsburgh: Carnegie Press.

[5] Festinger, L. 1957. *A Theory of Cognitive Dissonance*. California: Stanford University Press.

- 群体之间相互竞争，并开始形成彼此之间的负面评价，而它们唯一的明显差别就是那微不足道的群名（最小群体资格）[1,2]。

- 我们做出理性决定的能力被不计其数的偏见严重限制[3]。例如，对概率的掌握有限、不知道如何从近期的例子中归纳，以及估算往往过于乐观。

- 冲突（无论潜在的还是公开的）都会对群体的运作产生深远的负面影响[4]。

这只是一些精心研究成果中的精选，这些经过重复实验的成果塑造着我们的思维和团队的工作方式。它们帮助我们

[1] Tajfel, H. 1970. "Experiments in Intergroup Discrimination." *Scientific American* 223(5): 96–102.

[2] 社会心理学家 Henri Tajfel 和其他几位心理学家提出了社会认同理论。他认为人们会将自己归类到某一群体中，并因此偏爱自己的群体(内群体)，排斥其他的群体(外群体)。通过最小群体范式(MGP)来对社会认同进行了研究。两个群体中的成员并没有实际的互动，也没有内群体结构，更没有任何历史与文化。而仅仅是知觉到"我们"和"他们"之后，就会倾向于分配给自己群体更多的资源。这样的认知上的分类会让人们产生一种社会认同感，并且偏爱自己的群体，而不喜欢外群体。——译者注

[3] Kahneman, D., P. Slovic, and A. Tversky. 1982. *Judgment Under Uncertainty: Heuristics and Biases.* New York: Cambridge University Press.

[4] De Dreu, K. W., and L. R. Weingart. 2003. "Task Versus Relationship Conflict, Team Performance and Team Member Satisfaction: A Meta-analysis." *Journal of Applied Psychology* 88: 741–749.

理解为什么增加更多的人或团队往往没有任何帮助。或者说，改变团队构成会产生深远的社会影响。这里的重点是，如果不认识到团队是社会系统，就无法持续改进。仅把"最优秀的人"放进团队，并指望他们凭借个人的专业技能来创造奇迹，这根本是不够的。

试试这些实验，和你的团队一起改进（见第 10 章）：

● 分享成功的故事来建设可能性；

● 在整个组织中分享"障碍简报"；

● 利用正式和非正式的人际网络来驱动变革。

在僵尸 Scrum 中，我们不会批评自己的工作方式

遭受僵尸 Scrum 的组织不会利用 Scrum 框架来批评和改变组织中的工作方式。这通常始于组织对 Scrum Master 的期望是什么，以及 Scrum Master 对自己角色的重要性的理解。

对于许多 Scrum Master 来说，他们仅将自己理解成为对一个或多个 Scrum 团队的 Scrum 事件的引导者。这虽然有一定价值，但这也是一个非常狭隘的定义。Scrum Master 更广泛的目的是在团队为利益相关者交付有价值的成果和移除障碍的能力方面创造透明文化。做到这一点的方法之一是帮助团队

收集数据以评估它们的工作情况。还有就是在为利益相关者开发所需的产品并快速交付时，通过把问题最多的地方暴露出来，让 Scrum Master 鼓励团队利用双回路来学习。

需要注意的迹象

- Scrum Master 将大部分时间用于引导 Scrum 事件。
- Scrum 团队是根据它们完成了多少工作（例如速率和完成的事项数量）来进行衡量和比较的，而不是根据这些工作为利益相关者和组织实际产生了多少价值。
- Scrum 团队不会花时间在一起，也不会花时间和它们的利益相关者在一起，去理解它们所追踪的那些以结果为导向的指标和改进是否合理。
- Scrum 团队没有对产品或流程数据进行分析（如利益相关者的幸福感或周期时间），以识别改进措施。

开始批判的一个方法是跟踪相关的指标。不幸的是，僵尸 Scrum 团队通常根本不衡量改进。在它们的改进中，它们关注的是不支持，甚至阻碍经验主义的领域。例如，当 Scrum 团队衡量它们每个 Sprint 交付的工作量时，以速率或完成的事项数量进行展示，而不是它们交付的价值。组织也可能跟踪正在研发产品的人员和团队的数量，以及他们投入的时间，将减少人员或时间作为改进指标。我们已经在第 5 章中详细探讨了这种方法背后的原因。

这些测量指标的问题在于，它们只关注在给定时间内完成了多少工作（产出），而不关注这些工作对利益相关者和组织的实际价值（成果）。虽然前者可能更容易跟踪，但在很大程度上与组织交付的价值无关。当然，随着时间的推移，我们完全有可能看到速率方面的巨大改善，但当产品不能为利益相关者提供足够的价值时，我们仍然会破产。与十几个团队一起开发一个产品也是完全有可能的，但交付的产品质量很低，以至于团队基本上只是在修复缺陷，并淹没在技术债务中。虽然你可以在产出上取得优异的成绩，但会在成果上取得糟糕的分数，逆转这种情况是很不容易的。

幸运的是，Scrum 框架既提供了一个可以发现和实施改进的过程，也提供了需要关注的领域。

- 响应能力：用从发现到满足一个重要利益相关者的需求之间的时间，如周期时间和少量的在制品来表示，它们随着时间的推移而减少（或保持在低水平）。

- 质量：用交付的工作质量，如缺陷数量、代码质量、客户满意度和其他质量测量指标来表示，它们随着时间的推移而改善（或保持高水准）。

- 改进：用完成工作的方式和经验，如团队士气、创新率、低依赖性和其他测量指标来表示，它们随着时间而持续改进。

- 价值：用价值总量，如收入、投资回报和其他商业指标来表示，它们随着时间的推移而增长（或保持高水准）。

为了利用 Scrum 框架来推动整个组织的变革，Scrum 团队和 Scrum Master 最好围绕以成果为导向的指标建立透明度。通过定期与利益相关者进行检视，它们可以确定哪里有问题、哪些地方需要改进，以及这些改进会带来什么。这就是经验主义的意义所在。

> 试试这些实验，和你的团队一起改进（见第 10 章）：
>
> - 聚焦于停止做什么；
> - 在整个组织中分享"障碍简报"；
> - 创建一个低技术含量的测量仪表盘来跟踪成果。

在僵尸 Scrum 中，我们把学习和工作视为不同的事情

在饱受僵尸 Scrum 之苦的组织中，人们被潜移默化地教导学习和工作是不同的事情。工作能创造价值，而学习只会

花费时间和金钱，而这些时间和金钱本可以用来做更多"真正"的工作。例如，管理层希望员工能在晚上或周末参加培训。其隐含的信息是，人们因工作而获得报酬，而学习不是真正的工作，他们必须利用自己的时间来学习。

需要注意的迹象

- 大家不愿参加外部的一些大会或培训，也不阅读专业书籍或博客，当然公司也不鼓励大家这样做。

- Scrum 团队并没有跟上它们所在专业领域的发展。例如，开发人员不知道持续交付、虚拟化和微服务，或者 Scrum Master 不知道看板和释放性结构工具。

- Product Owner 不断地将那些以创新为主的事项排放到 Product Backlog 的后面，只为了增加更多的新功能，而没有真正衡量期望价值。

- Scrum 团队尽可能地缩短它们的 Sprint Retrospective。

- 管理层不鼓励大家走出去向别人学习，因为他们期望拿出详细的商业案例来说明这将产生什么价值。

　　这里的重点不是花更多的时间在学习上，而是要消除对学习和工作进行划分的认知。过去在学校学习一项技能，然后把学习抛在脑后的日子已经一去不复返了。这一点在软件开发领域体现得最为明显，新技术、新的开发语言和实践以前所未有的速度涌现出来。虽然不是所有的技术都同样有帮助，但有些技术提供了新的范式，如持续交付和容器技术，它们使我们更容易快速发布并提高质量。复杂工作的不确定性，以及它给团队带来的挑战，要求人们不断学习如何更好地驾驭这种复杂性。遭受僵尸 Scrum 之苦的组织将学习推到了工作的边缘。因此，团队没有时间和地方去尝试新事物并从中获得成功，它们也不会从中受益。

　　如果你很少接触新的想法和不同的观点，那你就很难有进步，但是对于许多遭受僵尸 Scrum 的团队来说，这些都是正在发生的情况。由于有太多的工作要做，它们几乎没有时间学习。尽管组织经常将自己描述为"学习型组织"，但实际上很少有组织表现出真正的学习型组织的特征。当"完成工作"总是比参加培训和聚会更受重视时，或者当组织不重视知识分享等会议，因为他们认为让团队忙碌起来才更有价值时，或者当组织反对人们在工作期间阅读专业的博客文章时，组织很显然地展示出这样的一种迹象，它不重视学习。

试试这些实验，和你的团队一起改进（见第 10 章）：

- 利用正式和非正式的人际网络来驱动变革；
- 分享成功的故事来建设可能性（特别是在有多个团队参与的情况下）。

新兵，你觉得学习和工作是两码事吗？正如 Henry Ford 所说："任何停止学习的人都已经老了，无论 20 岁还是 80 岁。"在 Scrum 方面，你永远也学不完。把你的鞋带系好：我们要跑起来了！

健康的 Scrum

经历：不要按照 Scrum 照本宣科

下面是本书作者之一的亲身经历。

当其中一位作者开始使用 Scrum 时，他所做的只是每隔一天主持一次 Daily Scrum。对于他和他的团队来说，这似乎是 Scrum 框架中最有用的部分。在这种情况下，详细的需求规格说明书（由作者编写）指导了工作，Development Team 最初并没有在 Sprint Planning 和 Sprint

Review 中看到多少价值。团队认为所有的工作都已经知道了，无论如何它们也不会在几个月内发布产品。

随着团队开始运行更多的 Sprint，它们了解到向客户展示中间结果是多么有用。它们还了解到，虽然需求规格说明书中的许多想法在编写时看起来不错，但客户和开发人员对它的解释往往是不同的。或者说，当客户与产品结果互动时，会涌现出更好的想法，这是互利双赢的。事实上，它们的一个企业客户（通常穿着笔挺的西装）每隔一周就会穿着短裤和人字拖来看看 Development Team 的成果。

这种关系最初主要建立在客户和供应商之间，随着时间的推移，它变得更加非正式和更具协作性。越来越多的关键用户会加入，以便利用这个机会提出一些想法，这使最终产品的研发工作变得更容易（顺便下班后喝一场）。开发人员开始在计划的"发布日期"之前提供产品的部分功能，这样满足了用户要从立即做完的工作中获益的本能渴望。这种情况为持续交付和日益密切的合作铺平了道路。只有在事后我们才意识到，这个团队越来越多地学会了根据经验来工作。它们从经验中学习，并改变了关于需求规格说明书、协作、快速发布的现有信念。

在这个故事中，当利益相关者改变了把研发团队仅当作他们产品的供应商的想法时，我们看到了双回路学习；当团队了解到发布增量产品实际上可以让它们打造一个更好的产品时，我们也看到了双回路学习。

虽然这个故事只是一个例子，但这与我们合作过的其他成功 Scrum 团队有着明显的共同点。它们中很少有人按照 Scrum 照本宣科，相反，它们希望为客户、用户和利益相关者提供有价值的成功，这推动了它们的学习。反过来，利益相关者在了解到这种方法对他们也有好处时，他们会做出反应，也变得更容易被大家接受。管理层积极鼓励这两种行动：一是消除妨碍他们的障碍；二是给予团队自主权来改进他们认为有必要改进的地方。不断检视和调整工作的过程，以及工作完成的方式和原因，这些有助于他们成功。

自我批评型的团队

从这个故事来看，随着时间的推移，团队成长是顺利的，没有冲突。其实不然。这也是我们在其他成功的 Scrum 团队中发现的另一个共同点。它们在如何向前发展的问题上存有很大的意见分歧。有些人强烈主张加快部署速度，有些人则主张放慢速度以保证质量和稳定性。有些人想花更多的时间写代码，有些人则想花更多的时间来思考写什么。尽管大家的偏好和策略有分歧，但关注点仍然是向利益相关者提供高质量的成果。

健康的 Scrum 团队会进行自我批评。它们利用 Sprint Retrospective 来反思自己为利益相关者创造高质量、可发布产品的能力。它们使用一些客观的数据（如周期时间、缺陷数量）来帮助团队反思。尽管它们的 Sprint Retrospective 可以使用更富有创造性的形式来实现这一目标，但带有强有力的问题的对话往往更好。Scrum Master 把重点放在提供有价值的成果上，并帮助团队处理在交付过程中出现的不可避免的冲突，这些都有助于反思。

共同实现"既见树木，又见森林"

在为利益相关者交付价值的过程中，健康的 Scrum 团队敏锐地意识到，阻碍因素往往限制了单个团队的能力。例如，一些共享的工具可能不支持持续交付。销售部门继续按照固定价格和时间期限来销售，或者团队发现它们的办公环境的布置方式让团队协作变得更困难。

当大家为了"既见树木，又见森林"而投入时间时，健康的 Scrum 就会涌现出来。在对自己的团队（树木）进行改进的同时，他们也花时间反思和改进整个系统（森林）是如何能够交付价值的。与其把这项任务留给 Scrum Master 或专门的敏捷转型团队，不如由那些有意愿参与的人来完成。毕竟，在一个领域中遇到的障碍往往与组织中的其他障碍有关。只有尽可能多的人参与进来才能带来益处，以便最大限度地解决问题，并找到可能的解决办法。这可以采取多团队回顾的形式，由那些想要提供帮助的人来参加工作坊。例如，本书作者经常参加的一些工作坊，其中由 50 名或更多的参与者（从管理层到开发人员）利用一天的时间来反思和解决整个组织中出现的阻碍经验主义的障碍。

现在怎么办

在本章中，我们探讨了最常见的观察结果，这些可以帮你找到持续改进没发生的答案。本章还介绍了一些重要的根本原因，这些原因是我们在与患有僵尸 Scrum 的团队合作中经常发现的。尽管每个人都同意持续改进是好主意，但当你在处理那些似乎不受团队控制的障碍时，问题就出现了。与其关注你无法控制的地方，不如去找到你可以控制的地方并从那里开始工作。你在哪些改进点有责任并可以去控制的呢？你又能吸引谁来帮助你摆脱自己无法控制的东西呢？在下一章中，我们将探索一些实验来帮助你做到这一点。

第 10 章　实验

一个被广泛认可的事实：一个僵尸，若已获得一些脑袋，一定想要更多的脑袋。

—— Seth Grahame–Smith, *Pride and Prejudice and Zombies*

在本章中：

- 探索持续改进的 10 个实验。

- 了解这些实验对僵尸 Scrum 的生存有什么影响。

- 探索如何执行每个实验以及需要注意的事项。

在本章中，我们将分享一些实验，以帮助团队提升其持续改进的能力。有些实验提供灵感以使用不同的方式进行 Sprint Retrospective。其他实验关注于在组织层面持续改进。

实验集：鼓励深度学习

双回路学习作为深度学习的一种形式，主要通过对现存的规则、程序步骤、角色和结构提出挑战（见第 9 章）。大部分人对这种方式感觉别扭，下面就从我们最喜爱的几个实验开始吧。

在整个组织中分享"障碍简报"

通常，尝试开展经验性工作方式的 Scrum 团队所碰到的障碍涉及不少组织层面的人。帮助大家理解这些障碍及其负面影响，以使双回路学习成为可能，并最终引发系统性的提升改进。

投入 / 影响比率

投入	☆☆☆☆☆	这个实验只需要勇气和一点点机智
生存影响	☆☆☆☆☆	苦口良药，在痛楚中针对重大问题制造出危机感

步骤

要尝试这个实验，请做下列工作。

1. 和你的 Scrum 团队一起，请每个人都写下一些他们认为妨碍团队构建利益相关者所需要的产品或者能更快速地交付的障碍。缺乏什么技能？什么规章制度是阻碍？需要哪些目前还无法接触的人？几分钟后，请大家两两结对来分享并继续扩展每个人的想法。最后大家一起共享所有识别出来的障碍，并选出 3 ～ 5 个影响最大的障碍（例如采用点数投票的形式）。

2. 针对选出的几个最大障碍，分别问："这个障碍带来了什么损失？若能被移除，我们和利益相关者会获得什么收益？"记录每个障碍的相关结论。

3. 针对选出的几个最大障碍，分别问："我们到哪儿寻求帮助？需要什么帮助？"为每个障碍收集帮助请求。

4. 整理上面针对几个最大障碍的后果和帮助请求，整合成便于发送给组织中所有相关人员的格式。形式上可以是电子邮件、印制出来的新闻简报、公司内网的博客文章，或者是在人流量大的走廊里放置一张海报。记得包含团队项目目的和你的联系方式。当然，也可以包括团队目前已有成就的信息。

我们的研究发现

- 确保将结论发送给（高层）管理者，甚至考虑提前和他们打招呼，而且他们可能期待一份更简明扼要的新闻简报。

- 追求透明可能相当不舒服。你的文字表达应传递诚恳及表现机智，避免流露负面情绪及责怪他人。坦诚说明情况并清晰请求帮助。

- 如果你想经常进行这个实验，请确保里面也包括了团队的已有成就。哪些进展的不错？自上一份新闻简报之后什么得到了改变？最重要的是：从谁那里得到了帮助（特别是意想不到的）？

在 Sprint Retrospective 会议上使用强有力的提问

就如在前面章节中所探讨的，人们深藏在心里的信念、假设和价值观对所要改变的成功程度影响很大。例如，如果 Development Team 认为与客户沟通是 Product Owner 的责任，协作的机会就受到了限制。又如，若人们认为只有当整个 Product Backlog 都完成之后的反馈才有意义，那么他们将努力接受经验主义。这些假设中有许多都是潜意识层面的，需要表露出来才能去挑战。这个实验的目的就是帮助团队利用强有力的提问来揭露潜藏深处的假设。

投入 / 影响比率

投入	☆☆☆☆☆	提问并不难，但提出"正确"的问题和营造出团队愿意回答问题的气氛并不容易
生存影响	☆☆☆☆☆	这个实验设立了一个示例来展示人们如何能够挑战自己和组织所持有的假设

步骤

尝试这个实验的时候，留意听取团队关于什么是可能或者不可能的陈述。Sprint Retrospective 是很好的机会，团队在一起的其他时机也是不错的选择。问："是什么让你坚信（认为）地这样说？"然后一起修改答案陈述，以"我认为……"为格式。参看表 10.1 中的例子。

表 10.1　例子：人们所说的及其潜意识里所相信的

你所听到的	一条可能的潜在观点
当我们请人们就这个改变提供建议时，他们总是只会抱怨	我认为人总是抗拒改变
只有管理层才能移除这个障碍	我相信，不动用权力的话，无法促使改变
我们做不到在每个 Sprint 都交付新的增量	我觉得我们的产品太复杂
这个任务很重要，我自己来吧	我认为其他人并不具备相关知识和品质
我们并不需要向客户拿反馈	我认为我完全清楚客户要的是什么
我们需要增加一些团队	我相信多点人手能干多点活

当你识别出一个信条时，可以使用下列一些强有力的提问来轻轻挑战一下。我们从释放性结构社区在 Myth Turning

上所做的尝试获得启发（主要来自 Fisher Qua 和 Anja Ebers）[1]：

- 需要发生什么可以让你放下这个观点？

- 还有谁持有同样的观点？

- 你从这种观点上得到了什么好处？

- 你认为的这种观点在哪里得到了证实？

- 哪些信号显示出其他人开始对这种观点提出疑问？

- 若我们不做这个，会产生哪些不可挽回的损失？

- 若这种观点是错误的，会发生什么？

提出这些问题并不会说服人们去改变他们的观点，但会帮助他们进行学习和反思以弄明白背后的原因。通过这种方式，人们会发现改变一个观点对他们的潜在好处，而且最终由他们来做决定。

我们的研究发现

- 若人们以前不太习惯面对这样深挖方式的问题，他们可能会感到困惑和受压。尝试征得团队的允许，让你偶尔可以向他们提出一个深度问题，以帮助他们加强反思和学习。

---

[1] [法] 亨利·利普曼 诺维奇，[美] 基思·麦坎德利斯. 释放性结构: 激发群体智慧 [M]. 储飞，曹宝祯，译. 北京: 中国广播影视出版社，2022.

- 不要告诉人们他们应该相信什么，也不要分享你的信条，除非他们询问你。邀请他们来挑战你的假设。请团队一起识别这些潜藏的信条，或者任何值得团队一起反思的方面。

一起深入探讨问题和潜在解决方案

有效分析和移除各种障碍对于深度学习和持续改进来说非常重要。从不同的视角，团队需要掌握如何提出或者写出关键的问题，以及识别出具有针对性和可行性的解决方案。释放性结构工具"探索行动对话（DAD）"[1]非常适合这种探索。它包括团队可以采用的一系列提问来表明团队所面对的问题，显示出解决方案，并使团队能够制定具体的行动步骤。

投入 / 影响比率

投入	☆☆☆☆☆	我们在这里提供团队可以使用的一系列针对性提问，以使这个实验比较容易操作。这些循序渐进的提问可以帮助你引导整个过程
生存影响	☆☆☆☆☆	这个实验帮助人们挖掘和解决正确的问题，并培养更有效的分析问题的技巧和能力

[1] [法] 亨利·利普曼 诺维奇，[美] 基思·麦坎德利斯. 释放性结构：激发群体智慧 [M]. 储飞，曹宝祯，译. 北京：中国广播影视出版社，2022.

步骤

在 DAD 活动中，团队通常一起循序渐进回答下面的提问。

1. 你如何知道什么时候出现这个问题？

2. 你如何能有效地促进这个问题的解决？

3. 是什么一直阻碍了你这样做或采取这些行动？

4. 你知道有谁能够经常解决这个问题并克服障碍吗？是什么行为或做法使他们的成功成为可能？

5. 你有什么想法吗？

6. 需要做什么才能实现？有人主动愿意做吗？

7. 还有谁需要参与？

在进行 DAD 活动时，请遵循下面的概要步骤。

1. 作为 DAD 活动的输入，帮助你的团队或者多个团队识别出最大的几个障碍。可以利用本书中提到的其他实验。一个团队选择一个最重要的话题，或者来自不同团队的人围绕不同的话题组成小组。

2. 给每个小组足够的时间来回答上述 7 个提问（至少 30 分钟）。必要时，小组可以改变上述提问的顺序，或者当有新的想法浮现时，重新审视前面已经讨论过的提问。

3. 当多个团队一起进行 DAD 活动时，给大家创造机会来跨团队分享每个小组的发现并收集反馈。另外一个释放性结构工具"轮转和分享"非常适合这种情形。

我们的研究发现

- 鼓励团队花足够的时间来关注第一个提问。尝试追问来深挖，如"这个问题的哪个方面特别有挑战性？""其背后是否隐藏了另一个问题？""若我们不解决这个问题，会怎样？"（见图 10.1）。

- 当问到需要做些什么来落实解决方案时，留意使用释放性结构工具"15% 的解决方案"（下一章会有描述）。

- 引入一位主持人，特别是当团队面对这些提问难以维持好的节奏和进展时。由主持人来发问并确保每位成员都有机会表达观点，同时主持人也可以把握好时间进度。

图 10.1　使用 DAD 来深挖问题和潜在解决方案

实验集：使改进清晰明确

团队很容易停留在貌似有希望但模糊不清的改进中，如"多沟通"和"牵涉利益相关者"。当改进本身不明确时，很难知道从何开始及验证改进是否已经实现。这个分类里的实验都是关注怎样令你的改进更小、易于把握。

共创 15% 的解决方案

有效的持续改进源于从小处入手并从人们自己可以做出的那些改变开始。为了带来聚焦效果，组织理论家 Gareth Morgan 提出了"15% 的解决方案"的概念。[1] 它基于一个假设：人们对 85% 的工作情况是没有主导权的，因此需要聚焦在其可控的 15% 上。这个概念不仅带来更大的驱动力，而且确保改进是小步小幅并远离那些 85% 所带来的障碍，如组织文化、现有层级机构和僵硬的流程规范。如果每个人都从自己能说了算并有机会来改变的地方开始，所有这些 15% 累积起来就能滚雪球般地引发组织层面的变革。

这个实验可以帮助 Scrum 团队定义其 15% 的解决方案，即使在不可能的环境中也能做出改变，它基于释放性结构工

---

[1] Morgan, M. 2006. *Images of Organization*. Sage Publication. ISBN 1412939798.

具 "15% 的解决方案"。[1]

投入 / 影响比率

投入	★☆☆☆☆	若能抵挡追求大变革的诱惑，则坚持从你能控制的地方入手并不困难
生存影响	★★★★☆	虽然每个 15% 的解决方案不能颠覆全世界，则积少成多之后一定可以

步骤

要尝试这个实验，请做下列工作。

1. 每个会议结束时使用 15% 的解决方案，来帮助人们把收获转化为可行动的步骤。最好能借用一个普遍存在的障碍或挑战来引发聚焦。

2. 请每人都各自创建 15% 的解决方案。问："你的 15% 是什么？你在哪里有主控权和能自主行动？若没有额外的资源或授权，你能做什么？"

3. 邀请大家两两结对来相互分享其 15% 的解决方案（5 分钟）。鼓励双方并帮助对方把 15% 的解决方案尽量变得可见、可把握。问："行动的第一步是什么？"或者"你会从哪儿入手？"

---

[1] [法] 亨利·利普曼 诺维奇，[美] 基思·麦坎德利斯. 释放性结构：激发群体智慧 [M]. 储飞，曹宝祯，译. 北京：中国广播影视出版社，2022.

4. 为了实现最大的透明性，把所有的 15% 的解决方案公示于团队的房间，例如放在团队的 Scrum 看板（若有）周围。

我们的研究发现

- 不要仅限于在 Sprint Retrospective 上使用 15% 的解决方案，还可以将其用于识别大规模代码重构的入手之处、Sprint Review 后的行动步骤，或者将其用于开展多团队联合 Retrospective 会议。

- 帮助人们抵挡诱惑来为他人或者整个团体定义行动计划。只有人们聚焦于自己的贡献时，15% 的解决方案才有效果。大家的各种解决方案之间有重叠或者没有清晰关系都是可以的。

聚焦于停止做什么

持续改进常常导致毫无节制地添加需要做的事：增加一个新的检查项到 DoD；在已经满当当的日程上增加一个工作坊；还要研究另外一个技术。但是当你不断地添加新的事务时，结果反而是什么都完成不了。

相反，你应该识别出那些无效率的事情并将之移除。释放性结构工具 TRIZ[1] 会是好帮手。这个工具使大家在嬉戏中创意性地识别和移除那些妨碍创造力和效率的事务。TRIZ 这个工具名字源于俄语"发明创造相关任务的破解原理"的缩写。

投入 / 影响比率

投入	☆☆☆☆☆	停止一些行为和砍掉事务总是比无节制地增加更困难
生存影响	☆☆☆☆☆	砍掉事务能腾出大空间

步骤

要尝试这个实验，请做下列工作。

1. 在大白板纸上画出三行，并在之间留出空白。不需要为每一行添加标签，以免破坏第二轮的反转。

2. 给每人 10 分钟的时间来创建一份能带来灾难性后果的清单。问："你能怎样令团队如僵尸般丧失快速交付及与利益相关者合作的能力，并且成为维基百科上'僵尸 Scrum'的最突出的例子？"首先每人各自静默思考几分钟，然后两两结对继续讨论几分钟。鼓励大家兼顾创意和实际而非天马行空。接下来，邀请大家分享，并继续花几分钟结对来打造这些想法。花 5 分钟的时间来收集最突出的想法，写在便笺

---

[1] [法] 亨利·利普曼 诺维奇，[美] 基思·麦坎德利斯. 释放性结构：激发群体智慧 [M]. 储飞，曹宝桢，译. 北京：中国广播影视出版社，2022.

纸上并贴在白板纸的第一行。

3. 给大家 10 分钟的时间，对照上面的清单来创建一份团队已经在实施的类似事情或者紧密相关的事宜列表。问："哪些事情我们其实已经在做，或者正朝着那个方向去做了？"首先给每人各自几分钟的反思时间，然后结对来分享看法和识别出规律。在第一行中找出最突出的僵尸 Scrum 事项并将之挪到中间行。

4. 给大家 10 分钟的时间，从第二行的事项中识别出所有从现在起停止做的活动或行为。先每人各自思考判断，然后结对，最后全体一起讨论。在第三行摆放这些事项，避免为了停止做什么事情而"增加"行动。

我们的研究发现

- 邀请大家注入认真有趣的精神，稍微夸大过分一点，并在过程中开怀大笑。这能有助于构建一个安全的环境，使大家愿意放开顾虑和保持坦诚。

- 为了实现更有深度的反思，可以用信条和准则来代替 TRIZ 中的事务和行为。哪些关于我们怎样对待彼此、对待工作和我们的利害关系人的信条能确保导致最糟糕的结果？哪些信条（或者类似的）确实存在？哪些信条我们应该唾弃？

共创改进方法

模糊的改进想法难以鞭策团队前进，如"更多的合作"或者"使用 Sprint 目标"，又或者是一些没有清晰开始和结束约束的想法。这个实验通过发挥每个人的聪明才智和创意来把模糊的想法转化为具体的点子。就如一本厨艺书里面会给出如何使用本地食材来烧一道菜的说明，改进方法（菜谱）进一步明确那些食材、具体步骤和预期效果。这个实验基于释放性结构工具"轮转和分享"。

投入 / 影响比率

投入	★★★★☆	改进方法并不困难，难的是团队能坚持使用这些方法
生存影响	★★★★☆	团队对于在哪些方面改进清晰明了并有担当。这是持续改进至关重要的技巧

步骤

要尝试这个实验，请做下列工作。

1. 在单一团队或多团队的 Sprint Retrospective 会议上识别出需要改进的少数几个方面。请大家自组织形成小组（3 ~ 5 人）来选择他们各自最关心的改进。给每个小组干净的白板（或白板纸）来形成讨论"站点"。

2. 首先邀请每人各自默默地思考方法会是什么样子（2 分钟），通过问大家："如果我们想实现这个改进，什么能帮助我们？你想到了什么实践？你以前在别处尝试过的招式能否用在这儿？"然后邀请小组内分享想法并选出一个点子（5 分钟）。

3. 解释每个方法的 DoD。每个方法都需要明确：要实现什么（"目的"）？谁需要介入（"人"）？行动项及实施顺序是怎样的（"步骤"）？你如何知道这个方法有作用（"成功"）？若需要，你可以准备方法画布请大家使用。

4. 给每个小组 10 分钟的时间来打造各自方法的第一个增量。鼓励大家充分发挥创意（尽情书写、画画和使用各种符号等）。

5. 邀请每组选择一位站长。站长在后续的轮次里留在本站，其他人顺时针挪到下一站。站长向每一批人更新进展并和大家一起继续打磨增量,添加任何改进和额外说明（5 分钟）。

6. 按需要持续多次轮转到每个站点来增量式贡献打磨。

7. 请每组回到自己的站点并检查方法的最终版本。

8. 请大家各自在一张便笺条上写上名字并贴到各自想投入行动的方法上，然后给大家几分钟的时间来同步每个方法的内容及实施的入口。

我们的研究发现

- 改进方法通常能提炼出一些可以举一反三使用的模式或本地策略。跨团队分享（组织内外）这些有用的方法是学习成长的妙招。

- 若发现这些方法太流于表面和笼统，则当小组访问新的站点时，鼓励大家多问"我们怎样做？"

- 对于那些需要跨几个 Sprint 来实施及跟进的方法，鼓励大家频繁同步更新直到达致其目的效果。

实验集：收集新信息

有时候我们需要提醒团队"干瘪的橙子是榨不出汁的"。我们应该直率地指出团队的工具箱或新想法已经枯竭了，导致持续改进停滞不前。通过这个分类，我们分享一些实验，主要用于带来新想法，或者使人们挖掘以前无法看到的可能性。

利用正式和非正式的人际网络来驱动变革

当只靠自己独自发力时，想改变 Scrum 团队所在的环境是挺不容易的，特别是在大型组织中，有影响力的人往往遥不可及。当你使劲尝试去移除障碍时，你应该首先找到组织里面对同样障碍的人并一起发力。这个实验是关于如何利用正式和非正式的人际网络来引发变革，它基于释放性结构工具"社交网络图"和"1-2-4-All"[1]（见图10.2）。

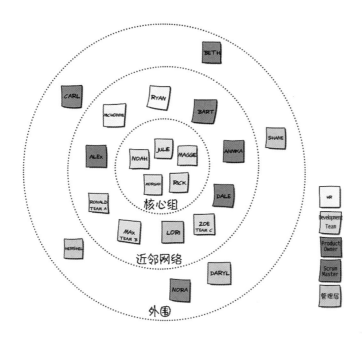

图10.2　社交网络图的例子

投入／影响比率

投入	☆☆☆☆☆	找到合适的创意来扩展人际网络非常有挑战性，特别是在大型复杂组织中
生存影响	☆☆☆☆☆	当人们开始切入正式和非正式网络来打造变化时，我们看到过非常快速的显著成效

---

[1] [法] 亨利·利普曼 诺维奇，[美] 基思·麦坎德利斯. 释放性结构：激发群体智慧 [M]. 储飞，曹宝祯，译. 北京：中国广播影视出版社，2022.

步骤

要尝试这个实验，请做下列工作。

1. 向各位充满热情想要移除组织障碍的 Scrum Master、Product Owner 及 Development Team 发出邀请。

2. 先个体（1 分钟），然后两两结对（2 分钟），最后四人一组（4 分钟），请大家回答："我们面对的最大的障碍都有哪些？组织里的什么令我们难以开展经验主义的工作方式？"收集那些最大的障碍。

3. 利用墙壁或地板来创建社交地图。提供不同颜色的大量便笺纸。

4. 请参与者在便笺纸上写上各自的名字，将便笺纸放在墙的中央，作为社交网络的"核心组"。

5. 先个体（1 分钟），然后两两结对（2 分钟），最后两对一组（4 分钟），请大家识别出在移除障碍上你需要其大力支持的关键群体或部门。限制最多 10 个群体，并使用不同的颜色或符号标志来表示每一个群体（作为图例）（10 分钟）。

6. 邀请每人用便笺纸写下组织中他们认识的人，注意使用上述图例来辨别所属群体。请大家按照与核心组距离的远近将这些人放置在社交网络图上（10 分钟）。

7. 先个体（1 分钟），然后两两结对（2 分钟），最后两对一组（4 分钟），请大家回答："你还希望谁来参与移除障碍？谁有影响力或能带来全新视角，或者谁有我们需要的专长？"用便笺纸写下这些人的名字，也注意使用上述图例。基于他们现有的或者被期望的参与，把这些人也放置在社交网络图上。若识别出新的群体，记得更新图例（15 分钟）。

8. 请每人都盯着持续浮现出来的社交网络图，并问："谁认识谁？谁有影响力和专长？谁能阻碍进展？谁能促进进展？"请在社交网络图上用连线来说明答案（15 分钟）。

9. 为了让有影响力的（那些遥不可及或者需要其发力来绕开障碍的）人参与进来，另外使用"共创 15% 的解决方案"实验来创建策略。怎样利用你的人际网络来促使正确的人来参与？化繁为简，可能通过一个电话、一封邮件进行联络，又或者请距离比你近的人进行联络。你可以使用"在整个组织中分享'障碍简报'"实验来知会网络里的人。

我们的研究发现

- 特别要关注社交网络图上的黑洞。哪些是你们不认识（不论直接还是间接）的人所属的部门或群体，但又需要他们提供支持？

- 经常反复尝试这个实验能带来最好的效果。尝试去扩大你的核心组的成员组成（包括那些愿意帮忙的人）。

当你的网络正在发展时，移除障碍或促进进展都会渐渐变得容易。

创建一个低技术含量的测量仪表盘来跟踪成果

你的团队表现如何？你了解正在交付什么成果吗？为了回答这些问题，团队常常测量速率或每个 Sprint 完成了多少事项。即使这些指标显示了团队的繁忙和努力程度，它们也不代表其工作实际上有何用处。尽管如此，许多组织总是告诉团队测量什么并拿来和其他团队比较。通过这个实验，我们呈现具体步骤来帮助团队选择自己觉得有意义的指标。

投入 / 影响比率

投入	★☆☆☆☆	当你从小处入手开始时，这个实验并不困难。从单一的指标开始构建
生存影响	★☆☆☆☆	围绕成果来打造透明性是变革的重要驱动。团队和利益相关者都能看到究竟在发生什么

步骤

要尝试这个实验，请做下列工作。

1. 在开始这个实验之前，先澄清基于产出和基于成果的指标之间的区别。请回看第 9 章中提到的例子。

2. 先个体（1 分钟），然后两两结对（2 分钟），最后四人一组（4 分钟），请大家思考一下他们怎样知道团队做得更好了。问："我们如何知道我们是在响应利益相关者的要求？当我们表现好时什么指标会往上涨，反之会往下掉？"大家一起收集相关的指标（5 分钟）。

3. 用同样的方式，针对质量，问："我们如何知道我们的工作是高品质的？当我们表现好时什么指标会往上涨，反之会往下掉？"

4. 用同样的方式，针对价值，问："我们如何知道我们的工作在交付价值？当我们表现好时什么指标会往上涨，反之会往下掉？"

5. 用同样的方式，针对改进，问："我们如何知道我们有时间、有机会改进和学习？当我们表现好时什么指标会往上涨，反之会往下掉？"

6. 一起审视所选择出来的指标并去掉重复的。先个体（1 分钟），然后形成小组（4 分钟），请大家在确保能针对响应力、质量、价值和改进进行测量的前提下，去掉团队并不需要关注的指标，形成一套针对上述几个方面的最小指标集（5 分钟）。

7. 对于所筛选出的每一个指标，探索如何量化以及从何处获得数据。若需要额外的研究和配置，团队可以往 Product Backlog 或 Sprint Backlog 上添加事项。

8.设立一个仪表板（最好是一个物理白板或者大白板纸），团队可以（至少）每个 Sprint 更新一次。为不同的指标创建折线图来跟踪趋势。抵制用电子工具设立过于复杂的仪表板的诱惑。尝试首先建立纪律和习惯来跟踪少数几个指标并频繁检查。低技术含量的仪表板（如物理白板）能够促进实验，因为其更容易修改（呈现方式、内容和格式）。

9.团队一起通过 Sprint Review 或 Sprint Retrospective 来检视仪表板。有哪些明显的趋势变化？若你做一个实验，你会期望出现什么变化？释放性结构工具"W³ 反思法"[1] 非常适合这一步。

我们的研究发现

- 在进行测量时，很容易过度。请刻意追求极简，从最根本的指标开始测量。例如，利益相关者幸福指数和周期时间。当发现有益团队的学习以及大家已经对维护和检视现有指标形成节奏时，再去增加新的指标。

- 不要把这些指标转化为 KPI（Key Performance Indicators），而且努力阻止其他团队这么做。当这些指标被用于考评团队绩效时，团队会因为物质激励去

---

[1] [法] 亨利·利普曼 诺维奇，[美] 基思·麦坎德利斯 . 释放性结构：激发群体智慧 [M]. 储飞，曹宝祯，译 . 北京：中国广播影视出版社，2022.

"博弈"这些数字。相反，确保这些指标仅用于学习什么有效和什么无效。

- 不要对利益相关者隐藏仪表板。相反，要和他们一起弄明白数据的意义并寻找改进的机会。他们和团队都能从数据上得到许多收获。

实验集：营造学习环境

持续改进需要尝新。有些尝试会带来改进效果，而另外的尝试却不一定。有些人因为老是担心犯错或不想被责骂而避免尝试。这导致他们无法学习和成长。这里分享一些能促进和推广学习意愿的几个实验。

通过分享成功的故事来建设可能性

与其老关注什么做得不好（在僵尸 Scrum 里这是常态），还不如专注已经做得不错的方面来继续改善。分享以往的成功经验、心得、故事和策略往往可以构建安全感并发掘潜藏的前行路径。这个实验基于释放性结构工具"欣赏式访谈（Appreciative Interviews）"[1]。

---

[1] [法]亨利·利普曼 诺维奇，[美]基思·麦坎德利斯. 释放性结构：激发群体智慧[M]. 储飞，曹宝祯，译. 北京：中国广播影视出版社，2022.

投入 / 影响比率

投入	☆☆☆☆☆	分享成功故事轻而易举，而且大部分人乐于分享
生存影响	☆☆☆☆☆	分享成功的经验和心得为人们带来战胜僵尸 Scrum 的希望

步骤

要尝试这个实验，请做下列工作。

1. 任何时候都可以实施这个实验。Sprint Retrospective 是顺其自然的机会。Sprint Planning 的开头或 Sprint Review 也是很好的时机。可以一个团队单独进行，或者多个团队一起分享和传播这些故事和心得。

2. 请参与者两两结对并面对面坐好。确保每人都备有书写工具。

3. 结对伙伴轮流采访对方 5 分钟。问："请分享我们值得骄傲的过往，合作克服一个挑战的成功故事。什么是成功的关键？"采访者主要是聆听，尝试偶尔提出澄清性问题。确保大家都做好笔记，因为后面步骤需要笔记。

4. 邀请结对伙伴寻觅另外的一对，并通过总共 10 分钟的时间来请每位分享上面步骤中其伙伴的故事（每人大概 2 分钟）。当故事被复述时，其他人认真倾听并尝试识别成功背后的规律。然后，收集关键的信息并更新到白板纸上（10 分钟）。

5. 先请大家每人各自思考展望未来能做什么以带来更多类似的成功（2 分钟）。问："我们怎样利用这些成功故事的深层根本原因？我们怎样让成功常态化？"然后请大家分成几个小组来分享（4 分钟）。最后回归大组一起收集最突出的想法（10 分钟）。

6. 使用本章节介绍的"共创 15% 的解决方案"实验或"共创改进方法"实验来把想法转化成具体行动。

我们的研究发现

当你做这个实验时，留意以下情况。

- 当参与者人数不是偶数时，会有一个小组是 3 个人。请该小组与其他小组在同一时间范围内自行发挥创意。
- 当人们分享或复述成功故事时，请密切关注团队动态和氛围。回忆并分享一段成功经历当然非常棒，听到别人用他们的独特语言来复述自己的故事也是非常愉悦的。

烘焙一个发布蛋糕

通过认可持续不断的小胜利来建设团队精神。例如，团队庆祝每次的发布上线，又或者当它们成功地将原来一直用人工处理的事情自动化。我们发现简单好玩的庆祝非常有帮助，而且能给所有人去作贡献的机会。

投入 / 影响比率

投入	★★★★★	除了需要选择一个值得庆祝的事，这个实验轻而易举
生存影响	★★★★★	这个实验不会改变世界，但这是一个建设团队精神和安全感的好办法

步骤

要尝试这个实验，请做下列工作。

1. 与团队一起识别出在 Sprint 过程中值得庆祝的一个特定成就。尝试选择那种帮助团队更以经验为主开展工作及具有挑战性的行动，或者常常被一推再推的改进，例如发布上线。或者与真实用户确认一个假设，又或者及时跑去和伙伴结对来加速某任务，而不是自己随意添加新的在制品。

2. 在一张大白纸或白板上画出一个大圆圈，然后把圆圈分成 6 或 8 等份来代表一个"发布蛋糕"（见图 10.3）。把这个图放在团队空间里显眼的地方。

3. 每一次团队完成了上面所识别出的行动时，在蛋糕的其中一格标示出来。当团队里的每个人都有机会采取或贡献该行动时，也可以在该格子里添加实际动手人员信息。

4. 当图上所有的格子都被标识完了，赶紧去订一个真的蛋糕或其他大家喜欢吃的东西来小聚庆祝一下。

图 10.3　烘焙一个发布蛋糕来庆祝发布

我们的研究发现

- 建议识别出那种在一个 Sprint 周期内有可能实现多次但又有一定挑战性的事情。按照团队的现有能力调整蛋糕切片的数量和难度。
- 选择那种完成时对团队内其他人都可见的行动。不然的话，标记蛋糕的决定就会变得过于主观，而且是基于个人的动机。

现在怎么办

在本章中，我们探讨了帮助你的团队及整个组织持续改进的一些实验。在某种程度上，这个主题和双回路学习相关，也需要安全的环境、来自外部的新灵感，以及清楚明确的改进。使用这些实验，或者从中获得启发来立即开始持续改进吧。

想找到更多的实验，新兵？在 zombiescrum.org 上有大量的军火。你也可以通过提出对你有帮助的建议来扩大我们的武器库。

第 5 部分

自组织

第 11 章　症状和原因

我们正在努力重建新的社会，而不是让它重新陷入混乱。

—— Andrew Cormier, *Shamblers: The Zombie*

Apocalypse

在本章中：

- 了解自组织团队是什么样子的，以及如何构建一支自我管理的团队。

- 探索那些缺乏自组织的团队最常见的症状和原因。

- 探索自组织和自管理在健康的 Scrum 团队中是什么样子。

实践经验

"让我们开始 Scrum 之旅吧!"来自 Widget 公司的 CEO Jeff 在企业年会的开场兴奋地讲道,这对公司来说是一个重要的战略举措。近年来,在 Widget 公司业务领域的竞争对手数量成倍增长。Jeff 读了很多关于 Scrum 如何帮助公司提高竞争优势的文章,他的一些同行也向他推荐了 Scrum。

几周后,敏捷转型正式开始。Jeff 和一个外部 Scrum 顾问团队一起在幕后工作,以使一切井然有序。最初的挑战之一是组建 Scrum 团队。事实证明,将现有的测试、开发和设计部门拆分来组建跨职能的团队会非常麻烦。为了尽快完成转型,Jeff 要求部门主管在部门内建立 Scrum 团队:三个开发团队、一个设计团队、两个测试团队。部门主管也将作为其团队的 Product Owner。Scrum Master 这个新角色被分配给那些还没有完全准备好的人。另一个巨大的挑战是如何让每个人都能迅速获得培训和认证。值得庆幸的是,外部顾问提供了认证培训,他们还为每个 Scrum 团队提供通用的最佳实践培训,如编写用户故事(User Story)、使用计划扑克(Planning Poker)、使用"定义就绪(Definition of Ready)",以及一些与 LEGO 有关的活动。有了这些安排，Jeff 意识到现在是由 Scrum 团队来承担责任和控制的时候，他放松了下来。

6 个月后，我们听到了大家求助的声音。我们进入了一个混乱的组织，与 Jeff 所希望的情况相反，这里充满了愤世嫉俗和低落的气氛。团队对管理层、其他团队和顾问都有抱怨。他们不可能在一个 Sprint 中完成任何事情，因为他们依赖于其他团队为他们工作。他们曾建议用跨职能技能来重组 Scrum 团队，但部门主管抵制。反过来，部门主管和 Jeff 都抱怨团队缺乏承诺。他们为团队的启动做出了巨大的努力，结果却发现这些努力都白费了。他们得到的不是所期待的自组织团队，而是抱怨、问题和冷嘲热讽。从现在开始，他们将再次掌控局面。Scrum 框架已经失败了。

这个案例描绘了所谓的"自组织"，其实是完全缺乏自组织。自组织是 Scrum 框架的一个重要特征，但它非常难以定义，这就造成了混乱。那些不完全了解创建和维持自组织有多大挑战的人会把它看作治疗各种组织疾病的良药。有些人认为，自组织是人们选择自己的角色和确定自己的工作方式的一种手段。另一些人则认为它是人们设定工资和与同事进行绩效评估的一种手段。有些人甚至把自组织作为一种手段每年选举一个新的管理团队，或者让团队对自己的业绩盈亏负责，或者让团队全权管理自己的人员构成。

在本章中，我们从 Scrum 框架的角度来探讨自组织。我们还分享了自组织能力低下的常见症状，以及可能导致这些症状的原因。在本章的最后，我们举例说明在健康的 Scrum 团队中自组织是什么样子的。

它到底有多糟糕？

我们正在通过在线症状检查工具（scrumteamsurvey.org）持续监测僵尸 Scrum 在全球的传播情况。在撰写本书时，在参与过该调查的 Scrum 团队中：[*]

- 67% 的团队的成员只做或大部分从事自己专业领域的工作。

- 65% 的团队在团队组建方面没有或仅有有限的发言权。

- 49% 的团队从未或很少对当前的 Sprint 制定明确的目标。

- 48% 的团队同时从事多个项目或产品的工作。

- 42% 的团队在工具和基础设施方面没有或仅有有限的发言权。

- 37% 的团队没有或仅有有限的技能冗余，以应对团队成员突然不可用的情况。

- 19% 的团队在 Sprint 期间，对如何开展工作拥有非常小的发言权。

---

[*] 百分比代表了在 10 分制中获得 6 分或更低分数的团队。每个主题都用 10 ~ 30 个问题来测量。结果代表了 2019 年 6 月—2020 年 5 月期间在 scrumteamsurvey.org 参与自我报告调查的 1 764 个团队。

为什么要自组织

自组织是 Scrum 框架的一个核心概念。尽管它的意义重大，但很难给它下定义。它经常与"自我管理"或团队应该自己做决定的想法混淆。这种区别看起来微不足道，但它有助于我们理解本章中详细探讨的关于 Scrum 的两个基本真理：第一是 Scrum 如何利用自组织作为杠杆，使组织更加敏捷；第二是 Scrum 团队为何需要高度的自我管理来实现这一目标。

什么是自组织

在不同的科学领域——从生物学到社会学，从计算科学到物理学，自组织是秩序从最初无序的事物中自发产生的过程。[1] 只有当这种秩序是从系统最小单位的相互作用中涌现出来，而不是被外部强加影响时，它才是自组织的结果。自组织发生在我们周围和许多不同的层面上。当风在沙地上创造出美丽的形状时，当蚂蚁在没有清晰的情报指引下，一起合作建立大规模的蚁群时，就会出现这种情况。当人群交汇，人们毫不费力地避免撞到对方时，也会出现这种情况。

这种现象的一个很好的例子是，当你把一大群员工聚集在一起时，起初会出现混乱，因为他们不知道如何一起工作。

---

[1] Camazine, S., et al. 2001. *Self-Organization in Biological Systems.* Princeton University Press.

管理者可以通过发出指令来创造秩序。但由于这种秩序是强加的，所以它不是自组织。或者，员工可以在没有外界指示的情况下，对如何执行和协调他们的工作达成共识。尽管这个例子以"员工"作为最小的单位，但你可以用 Scrum 团队来代替他们，以达到同样的效果。同样，当你把 50 个团队放在一起时，规则、结构和协作也会自发形成。不过，它们是否有效是另一个问题。

　　自组织是否成功，以及它是否变成混乱或有用的解决方案，取决于两个要素：第一个是团队遵循的简单规则；第二个是它们实际拥有的自主权。

通过简单规则进行自组织

　　成功的自组织的第一个要素是系统中最小的单位所遵循规则的简单性和质量。一个常见的例子是鸟群，它们在天空中创造了精心设计的复杂图案，称为掠鸟群（Murmuration）。尽管这些图案非常美丽，但它们都遵循一些简单的规则：它们保持相同的速度，与少数靠近它们的鸟保持相同的距离。[1] 由于每只鸟都遵循这些简单的规则，速度、距离和方向的微小

[1] Hemelrijk, C. K., and H. Hildenbrandt. 2015. "Diffusion and Topological Neighbours in Flocks of Starlings: Relating a Model to Empirical Data." *PLoS ONE* 10(5): e0126913. Retrieved on May 27, 2020, from https://doi.org/10.1371/journal.pone.0126913.

变化会导致鸟群迅速拉长、转向和翻转，从而产生巨大的变化。如果没有这些简单的规则，就会出现混乱。自组织并不反映个体的自主性，而是反映当一个团体的个体成员遵循一些简单的规则时，团体层面的模式是如何自发涌现的。

Scrum 框架特意定义了 Scrum 团队要遵循的一条基本的规则：每个 Sprint 都要交付一个"完成"的增量，以实现 Sprint 目标。这个增量是透明、检视和调整的主要驱动因素。它赋予了组成 Scrum 框架的所有结构化元素：角色、工件和事件。尽管遵循这个规则肯定不会像与周围的鸟儿保持相同的速度和距离那么简单，但保持这一规则会引起整个系统的变化。

构建产品的人（Scrum 团队）会发现在每个 Sprint 发布"完成增量"的过程中会遇到的阻碍。它们可能发现自己缺乏技能，或者依赖团队以外的人为它们工作。或者由于缺乏授权，Product Owner 很难定义一个明确的 Sprint 目标。随着 Scrum 团队识别并消除障碍，遵循这个唯一的规则变得越来越容易。这使它们能够更快地改进工作方式，以应对它们在工作中得到的越来越多的反馈，以及获得这些反馈的速度。换句话说，它们正在变得越来越灵活和敏捷地去适应它们的环境。Scrum 框架让 Scrum 团队专注于发布每个 Sprint 的"完成增量"，以之作为系统级变化的控制杆。

不幸的是，那些患有僵尸 Scrum 的团队要么不愿意，要么无法遵循这个唯一的规则。在这里，控制杆不起作用，自组织没有发生，或者没有朝着与敏捷相关的方向发展。

通过自我管理实现自组织

成功的自组织的第二个要素在于人们和团队拥有决定自己规则的自主权。我们可以这样去思考这个问题，将团队的工作看作一条河流。障碍或挑战可能以石头的形式出现在它的道路上。河流受到的限制越多，绕过石头的选择就越少。增加自主权使团队有能力让它们的工作绕过阻碍它们前进的障碍。组织科学家们经常将其描述为"自我管理"。在这种管理哲学中，团队负责一个完整的产品或产品的一个独立的部分，或者一个特定的服务。[1] 团队可以在以下方面有一定程度的自主权，而不是由经理来做决定，或者必须遵守严格制度和协议。[2]

- 如何选择和招募团队的新成员。

- 如何对团队及其成员进行奖励和评估。

- 团队如何创造一个安全和协作的环境。

---

[1] Hackman, J. R. 1995. "Self–Management/Self–Managed Teams." In N. Nicholson, *Encyclopedic Dictionary of Organizational Behavior*. Oxford, UK: Blackwell.

[2] Cummings, T. G., and C. Worley. 2009. *Organization Development and Change*, 9th ed. Cengage Learning.

- 团队如何进行重要技能的培训，以及由谁来培训。

- 团队如何利用它们的时间。

- 团队如何与其他团队、部门和单位同步开展工作。

- 团队如何设定目标。

- 团队需要什么样的设备和工具来完成它们的工作。

- 团队如何做出决策。

- 团队如何分配他们的工作。

- 团队使用哪些方法、实践和技术。

对于上面列出的每个方面，团队的自治最终会介于"完全没有自治"和"完全自治"之间。

自我管理团队的概念可能看起来很新颖，但它已经存在了很长时间。自我管理是社会技术系统方法的一个重要组成部分，该方法由塔维斯托克人类关系研究所（Tavistock Institute of Human Relations）在第二次世界大战期间开发。[1] 由于这项工作，自我管理团队开始出现在各个地方，包括许多汽车制造厂。[2] 团队负责完成一辆汽车的整个子系统（刹车、电子设备等），而不是以前盛行的传统装配线制造。

---

[1] Hackman, J. R., and G. R. Oldham. 1980. *Work Redesign.* Reading, Mass. Addison-Wesley.

[2] Rollinson, D., and A. Broadfield. 2002. *Organisational Behaviour and Analysis.* Harlow, UK: Prentice Hall.

团队还负责自己的计划、调度、任务分配、招聘和培训——没有管理层的参与。多年来对社会技术系统所做的广泛研究表明，工作满意度、积极性、生产力和质量都得到了巨大的提升。[1] 后来启发 Scrum 框架和精益方法论的丰田生产系统（TPS）就是这样一个社会技术系统的例子。

尽管 Scrum 指南将 Scrum 团队定义为"自组织"，但这意味着它们要"自我管理"，以实现"自组织"的过程。Scrum 团队拥有对它们的产品以及如何工作做出决定所需要的所有角色和责任。然而，在现实中，大多数 Scrum 团队的自我管理能力受到了严重的限制。为了减少团队自我管理时可能发生的混乱和无序，许多组织反而严格控制团队的工作方式。它们要么不理解自组织的机制，要么不信任成果，结果就是僵尸 Scrum。

自组织是复杂世界中的一种生存技能

复杂环境的特点是高度的不可预测性和不确定性。这使它们变得不稳定，充满了风险。市场在眨眼间发生变化，新技术似乎在一夜之间得到了广泛的普及，而当它们被发现存在安全漏洞时，需要立即修复。新的竞争者带着更加卓越的

[1] Bailey, J. 1983. *Job Design and Work Organization*. London: Prentice Hall.

产品进入市场，破坏了看似不可动摇的市场地位。此外，还有一些全球性的灾难，如 2008 年的金融危机和 2020 年的 COVID-19，其在一夜之间颠覆了经济，让公司完全措手不及。随着我们的世界变得越来越全球化和相互联网化，发生不可预测和高度影响事件的可能性也越来越大，需要立即适应。统计学家 Nassim Taleb 将这些事件称为"黑天鹅"。[1]

Taleb 继续描述了组织如何经常优化它所谓的"稳健性"。[2] 为了减少波动性，它们依靠标准化和集中协调来减少组织内部和外部的有害变化。例如，所有团队在解决具体问题时必须使用相同的技术或遵循相同的程序，或者它们建立集中的指导委员会来指导多团队的产品开发。通过采用严格的标准和协调机制，组织能够在变化较小的时候限制变化的影响。但在一个日益动荡的世界里，这种僵化的做法使它们无法适应变化，甚至使它们完全崩溃。

另一种方法是对"反脆弱"进行优化。反脆弱的系统不是试图抵抗变化和冲击，而是在受到压力时变得更加强大。例如，Netflix 的工程团队创建了一个名为"混沌的猴

[1] Taleb, N. N. 2010. *The Black Swan: The Impact of the Highly Improbable,* 2nd ed. London:Penguin. ISBN: 978-0141034591.

[2] Taleb, N. N. 2012. *Antifragile: Things That Gain from Disorder.* Random House. ISBN: 978-1400067824.

子（Chaos Monkey）"[1] 的工具，随机终止它们基础设施中的服务。每当一个被终止的服务最终对最终用户造成干扰时，工程师团队就会重新设计架构以减少影响。随着时间的推移，对这些随机破坏的反应帮助 Netflix 提高了基础设施的弹性。

太空探索技术公司（Space Exploration Technologies，SpaceX）的发射频率故意高于其他发射提供商。[2] 每次发射失败，它们的自我管理团队都会更新技术、协议和流程，以避免未来出现类似的失败。包括宝洁、脸书和丰田公司在内的其他组织同时进行许多小型实验，探索不同的替代方案。尽管大多数实验都失败了，但有些实验淘到了金。更重要的是，它们的自我管理团队从失败中学习，并因为失败而变得更加强大。

在反脆弱组织中有三条明显的线索。

1. 它们依靠自我管理的团队，在问题出现时围绕其进行自组织（见图 11.1）。

2. 它们鼓励实验，在失败中成长壮大。

---

[1] Izrailevsky, Y., and A. Tseitlin. 2011. "The Netflix Simian Army." *The Netflix Tech Blog*. Retrieved on May 27, 2020, from https:// netflixtechblog.com/the−netflix−simian−army−16e57fbab116.

[2] Morrisong, A., and B. Parker. 2013. PWC, *Technology Forecast*: *A Quarterly Journal* 2.

3. 它们努力通过单回路和双回路学习，从失败中吸取教训（见第 9 章）。

综合来看，组织发展出的技能、技术和实践不仅可以在复杂和不确定性中生存下来，实际上还可以在复杂中发展壮大，因为它们可以比别人更快地适应。不幸的是，正如在本章后面所探讨的那样，对于反脆弱性来说，变动和冗余是必要的，但在僵尸 Scrum 盛行的组织中，它们通常被视为低效和浪费。

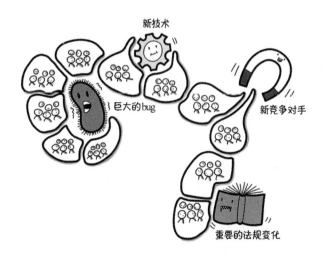

图 11.1 就像一个组织的免疫系统一样，自我管理的团队可以在挑战和机遇出现时迅速自组织起来

反脆弱的概念将我们在本书中所写的大部分内容联系在一起。Scrum 框架也积极地提升反脆弱性。它依靠自我管理

的团队，围绕着阻碍它们的挑战进行自组织。通过遵循每个 Sprint 发布一个"完成增量"这一唯一规则，所有使团队难以做到这一点的因素都会暴露出来，包括许多只是优化稳健性而不是反脆弱的因素，如僵化的管理结构、授权的缺乏、冗长的反馈环和高度专业化（但不分散的）技能。通过每个 Sprint 发布一个"完成增量"，团队有效地引入了更多成功和失败的机会，让它们有机会反思自己的结果并学习。当一个组织中有足够多的团队这样做的时候，整个系统就会变得越来越反脆弱。

底线

作者尼尔·斯蒂芬森（Neil Stephenson）[1] 在他的小说《七夏娃》中描述了一个灾难性的事件：一大片密集的碎片突然出现在地球周围，并将像大雨一样倾泻下来，消灭所有生命。为了拯救人类，工程师们开始建造一个适合几千人居住的空间站，让它们可以继续环绕地球，直到地球重新适合人类居住。工程师们没有建造一个巨型的空间站，而是设计了一个巨大的小型自主空间站群，像蜂群一样，其可以根据需要连接和断开。由于所有的碎片仍然围绕着地球运行（即使是一

[1] Stephenson, N. 2015. *Seveneves*. The Borough Press. ISBN: 0062190377.

粒微小的碎片，也会产生灾难性的结果），所以只有一个单独的空间站太危险。虽然蜂群中的每个单元仍然容易受到灾难的影响，但它们较小的体积使其更容易避开来袭的碎片。此外，单个单元的损失不会立即威胁到整个蜂群的生存。蜂群通过自组织，现在可以比单独的空间站更有效地应对即将发生的灾难。

这是对 Scrum 框架所要实现的一个很好的比喻。它的目的是打破那种通过集中管理进行标准化和严格控制来避免风险和变化的传统结构。就像比喻中的巨型空间站一样，这样的结构在稳定的环境中运作良好，但是当我们的世界越来越复杂时，那些可能造成严重破坏和意想不到的碎片会越来越多。相反，Scrum 框架通过使自我管理的 Scrum 团队成为这个故事中隐喻的蜂群来实现反脆弱。作为一个自我管理的团队，每个 Scrum 团队都增加了可变性，从而提高了生存能力。

为什么不能自组织

如果自组织如此重要，为什么在僵尸 Scrum 中没有出现这种情况呢？接下来，我们探讨常见的观察结果及其根本原因。当你意识到这些原因时，就会更容易选择正确的干预措施和实验。这也建立了人们对僵尸 Scrum 的共鸣，了解它为何经常出现，尽管每个人的意图都是最好的。

好了，新兵，现在你看到了自组织是多么重要。它可能听起来很缥缈，但它是你最好的生存策略。

在僵尸 Scrum 中，我们没有足够的自我管理能力

正如在本章前面所探讨的，如果 Scrum 团队自我管理工作的能力有限，它们就很难围绕共同的挑战进行自组织。在遭受僵尸 Scrum 之痛的组织中，大多数或所有领域都向"完全没有自主权"倾斜。僵尸 Scrum 团队不能决定自己要完成的工作、何时完成工作和由谁完成工作，而是有其他人替它们做这些决定，它们需要先得到批准，或者被要求遵守现有的标准或被告知"我们都是这么做的！"。

需要注意的迹象

- Scrum 团队无权决定谁是团队的一部分。这些决定要么由外部经理做出，要么由人力资源部门做出。

- Scrum 团队不能改变它们的工具或工作环境来满足自己的工作需要。

- Product Owner 对"他们的"产品拥有有限的授权。要么他们没有被授权做决定，要么他们经常需要征求他人的批准。
- 对于 Scrum 团队所依赖的外部团队、部门或人员，有很多负面的流言蜚语，也有很多指责，反之亦然。
- 人们对他们的工作目的和共同开发的产品持嘲讽态度，团队士气低落 [*]。

---

[*] https://teammetrics.theliberators.com 上有一个用来衡量团队士气的免费工具。

自我管理是在这样的环境中发挥作用的：人们相信专业人士能够做出正确的决定。不幸的是，被僵尸 Scrum 感染的组织往往没有表现出这种信任。当涉及自我管理时，这种信任的缺乏表现在使用外部专家来设计如何完成工作，而不是让专业人员自己设计。当 Product Owner 把产品发布到生产环境之前必须经过漫长的审批流程时，这种情况就会出现。在潜移默化之中，人们不相信专业人士会以一种谨慎、周到和符合组织利益的方式来使用他们的自主权。

这种信任的缺乏会助长相互之间的指责，长此以往会形成恶性循环，Scrum 团队抱怨管理层没有给它们足够的发挥空间，而管理层反过来又抱怨 Scrum 团队不负责任。管理层感觉到团队士气低落和成员互不信任，他们通常认为这是对缺乏控制的反应。当人们感到自己的工作能力受到他人的限制时，他们会采取不同的对策来处理由此产生的紧张关系，抱怨或指责他人就是这种对策的一个很好的例子。他们通过将自己的挫折感转嫁给别人，并感觉自己不用那么负责任来缓解紧张。另一种对策是因为团队士气低落而放弃共同承诺，从而"作为团队一分子，他们在工作中也会缺乏热情和毅力"。[1]

自我管理与信任是相辅相成的。这不容易转变，团队会犯错误，有些错误比其他错误更严重。但是，如果人们连犯错误的自由都没有，就永远不会吸取教训，也不会致力于实现自己的目标。总会有一些"害群之马"破坏公司，或者追求私欲而损害他人利益，但与其制定严格的等级制度和政策来防止错误和破坏，不如限制错误的影响范围，这更有帮助。最好有这样一个支撑流程，通过这个流程让团队感受到犯错误的后果，并学会在未来避免这些错误。

自我管理的重点不是取消所有的规则或放任团队做它们

---

[1] Manning, F. J. 1991. "Morale, Unit Cohesion, and Esprit de Corps." In R. Gal and A. D. Mangelsdorff, eds., *Handbook of Military Psychology*, pp. 453–470. New York: Wiley.

想做的任何事。重点是授权团队去设计和塑造它们的工作方式，同时团队也要对这些决定负责。这个过程的一部分发生在团队内部，另一部分发生在团队一起合作澄清它们的动机的时候。这就是自组织涌现的时候。

> 试试这些实验，和你的团队一起改进（见第 12 章）：
>
> ● 为自组织找到一套最小的规则集；
>
> ● 使用许可币让低自主性的成本透明化；
>
> ● 打破常规；
>
> ● 明察暗访；
>
> ● 发现能促进整合和自主的行动。

在僵尸 Scrum 中，我们使用现成的解决方案

遭受僵尸 Scrum 之苦的组织喜欢遵循标准化的方法、定义明确的框架和进行"行业最佳实践"。对它们来说，这种偏好感觉比形成自己的方法更有效率。它们认为自己是在学习别人的经验，就像有的组织实施"Spotify 模式"，希望复制 Spotify 一流的工程文化那样。但是，复制他人的做法存在三个大问题。

● 将适用于某个组织的方案复制到另一个组织，完全忽

略了该解决方案仅在原组织的独特环境下适用。例如，Spotify 的文化和环境与试图复制其模式的银行和保险公司完全不同，在 Spotify 有效的方法可能完全不适用于其他组织。

- 复杂系统的本质意味着没有"模式"或"最佳实践"。像 Spotify 这样的组织处于不断变化的状态中，通过双回路学习和自组织不断重塑人们的合作方式。虽然你可以在某一特定时刻了解 Spotify 的大致情况，并将其角色、结构和规则复制到自己的组织中，但实际起作用的模式不是它的结构，而是它对学习和自组织的关注。事实上，Spotify 特意表明，它们的结构一直在变化，不应该被复制。[1]

- 从其他组织中复制"最佳实践"实际上避开了双回路学习和自组织，而正是这种学习和自组织在敏捷转型的初始阶段造就了这些实践。仅凭简单地复制解决方案，组织永远不会发展团队的学习能力，而这种能力对于解决复杂的挑战是至关重要的。在整个组织中推广这种复制其他预定义解决方案的方式实际上阻碍了

[1] Floryan, M. 2016. "There Is No Spotify Model." Presented at Spark the Change conference. Retrieved on May 27, 2020, from https://www.infoq.com/presentations/spotify-culture-stc/.

自组织和双回路学习（见图 11.2）。

图 11.2 拥有一个"开袋即食"方案的一站式商店确实让你感觉非常
方便

Spotify 的例子是显而易见的，同样的道理也适用于那些尝试效仿其他公司最佳实践的行为。这也发生在那些强调特定结构化解决方案的规模化框架而忽略自组织和双回路学习的组织。

需要注意的迹象

● 团队说"我们不要重新发明轮子"之类的话。

● 聘请外部专家来实施他们的最佳实践，或者"推行"没有员工共同参与的变革举措。

● 在其他组织中有效的方法被照搬到整个组织中，而没有在一个小范围内先试点。

● 当你问他们试图用外部框架或解决方案（如 SAFe、LeSS 或 Spotify）来解决什么问题时，你得不到一个明确的答案。

你当然可以从其他组织的解决方案中找到灵感，但是与其直接复制它们的最佳实践，不如创造一个让人们可以学习和失败的环境，这样更有帮助。不要模仿植物，要模仿其生长的土壤。创造环境，鼓励人们探索问题存在的根本原因，让他们对自己的工作拥有自主权，并尝试不同的方法。这就是双回路学习的起点，也是各种疯狂的创造性解决方案开始从自组织中涌现的时候。

试试这些实验，和你的团队一起改进（见第 12 章）：

● 为自组织找到一套最小的规则集；

● 利用开放空间技术制定本地解决方案；

● 发现能促进整合和自主的行动。

在僵尸 Scrum 中，Scrum Master 坚持解决所有障碍

Scrum Master 负责帮助 Development Team 解决障碍。当 Development Team 有足够的自我管理能力，同时变得更加有经验时，它们应该越来越能够自己解决障碍。在僵尸 Scrum 中，这种情况不会发生，Scrum Master 仍然忙于处理同类型的障碍。这些团队已经变得依赖 Scrum Master 来解决所有阻碍它们的问题，而 Scrum Master 也促成了

这个问题的产生，他们要么主动提出解决障碍，要么接受 Development Team 提出的所有要求。尽管 Scrum Master 这样做的初衷是好的，但他们并没有帮助它们的团队建立起自己解决这类事的技能。

需要注意的迹象

● 在 Sprint Retrospective 期间，Scrum 团队期待 Scrum Master 来解决发现的大部分挑战。

● Scrum Master 经常例行一些任务，如更新某些软件许可证、更新 Jira、为团队领取办公用品或预订会议室。

● 总是 Scrum Master 在引导 Scrum 活动。

● 当 Development Team 遇到其他（包括 Product Owner）它们依赖 Scrum Master 来解决的问题时，Scrum Master 通常会解决这些问题。

那些认为解决问题是自己的责任的 Scrum Master 造成的问题比他们解决的问题要多，并不是所有的问题都会自动成为障碍。我们喜欢把障碍定义为：阻碍 Development Teams、实现 Sprint 目标、挑战超出自己的解决能力。在通常情况下，需要 Scrum Master 帮助的障碍种类会随着时间的推移而变化（见图 11.3）。最初，他们的工作重点是帮助 Scrum 团队和组织理解 Scrum 框架的目的：为什么每个 Sprint 都要发布一个完成的增量？ Sprint 目标如何帮助团队在复杂的环境中变得更有效？ Scrum 的各种事件、角色和工件如何让团队以经验为主进行工作？随着对 Scrum 理解的加深，团队可能需要帮助改变它们的组成（它们可能需要不同的技能或人员）以便能够更好地进行经验性的工作。它们还可能发现，将这些技能整合到一个团队中需要不同的工作方式和不同的工程实践，以此从中受益（如自动化测试、Lean UX、渐进式架构和持续部署）。

随着 Scrum 团队经验性工作能力的提高，它们可能会遇到与其他部门和团队相关的更广泛的阻碍。例如，人力资源部门可能会奖励个人贡献，而不是一个高度合作的团队，或者 Scrum 团队可能难以与其他 Scrum 团队同步工作，或者销售部门继续销售固定价格或固定范围的项目。最后，障碍可能涉及整个组织的工作组织方式。例如，随着市场条件的变化，每年的产品战略定义不再有现实意义，或者管理层一直在挣扎如何最好地支持自我管理的 Scrum 团队。

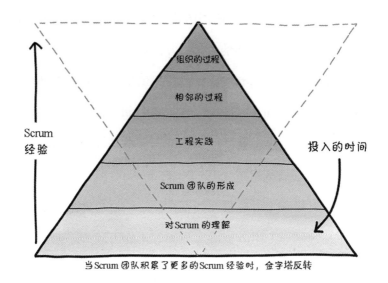

图 11.3　Domink Maximini 的障碍金字塔 [1]

　　尽管 Scrum Master 从一开始就可能面临各种各样的障碍，但首要任务是让 Scrum 团队按照经验主义的过程启动。一旦这些"经验主义的引擎"运转起来，它们就会围绕着其他需要解决的障碍创造出透明度。随着时间的推移，金字塔应该反转，因为 Scrum Master 将他们的大部分精力转移到更为广泛的组织层面的障碍。但是在僵尸 Scrum 中，Scrum 团队仍然停留在金字塔的较低部分。

[1] Maximini, D. 2018. "The Pyramid of Impediments." Scrum.org.

试试这些实验，和你的团队一起改进（见第 12 章）：

- 明察暗访；

- 清晰地表达你的求助；

- 为自组织找到一套最小的规则集。

在僵尸 Scrum 中，Scrum Master 仅关注 Scrum 团队

当 Scrum 团队遵循在每个 Sprint 发布一个完成增量的唯一准则时，它们必然会遇到许多障碍，这些障碍妨碍了 Scrum 团队进行经验性的工作，尽管其中一些障碍仅限于单个 Scrum 团队，但大多数都涉及其他团队、部门和供应商。

正因如此，Scrum Master 正好处于一个完美的位置，可以帮助他们的组织更有经验性地工作。他们每天都能看到什么阻碍了 Scrum 团队，以及哪些地方需要改进。他们与其他 Scrum Master、Product Owner、Development Team 和利益相关者一起工作，通过由内而外影响组织，引导组织朝着提高经验主义和敏捷性的方向发展。

不幸的是，僵尸 Scrum 的组织并没有利用 Scrum Master 的这种潜力来改变自己。有时，Scrum Master 误解了它们

的角色，只关注它们的团队。其他时候，Scrum Master 被期望只专注在团队，并将更大的障碍留给其他人或外部专家。

需要注意的迹象

- Scrum Master 不会投入精力与其他 Scrum Master 一起克服他们的团队共有的障碍。
- Scrum Master 的工作描述中特别强调了他们对团队的责任，仅此而已。
- 敏捷教练和企业教练始终在 Scrum 团队外部提供支持。
- Scrum Master 不与管理层沟通协调他们遇到的障碍。

但是，Scrum Master 如何能够改变整个组织呢？他们自己可能做不到，这就是他们需要与其他 Scrum Master 和天然的盟友（如 Product Owner、Development Team 和利益相关者）合作的原因。他们要将时间花在自己的团队和与他人合作上，以鼓励跨团队的自组织。由于没有两个 Scrum Master 是相同的，有些人会花更多的时间在跨团队或与管理层合作，而有些人则更关注自己团队的合作上。就像一个跨职能的团队一样，组织内的 Scrum Master 社区需要具备在单个团队和组织层面推动变革的能力，经验丰富的 Scrum Master 可以培训和帮助经验不足的 Scrum Master。

Scrum Master 如何推动整个组织的变革需要具体情况具体分析。Scrum Master 可以采取意义建构(Sense-Making)[1] 工作坊的形式，让团队（代表）了解重要的指标并制定改进策略。Scrum Master 也可以采取拜访其他公司的形式，看看它们是如何使用 Scrum 的。Scrum Master 还可以有目的地围绕一个关键问题（如低周期时间或低代码质量）来创造团队透明度，并邀请团队进行检视和调整。

无论如何，当组织更多地投资于聘请有经验的 Scrum Master 来提高内部 Scrum Master 能力的社区时，它们对外部专家和其他教练的需求将减少。

---

[1] 布伦达·德尔文于 1972 年提出以使用者为中心之意义建构理论（Sense-Making Theory），即认为知识是主观、由个人建构而成，而信息寻求是一种主观建构的活动,在线检索的过程是一连串互动、解决问题的过程。由于互动的本质、检索 问题而产生多样的情境，形成不同的意义建构过程，且意义建构理论是一种强调以历时性过程为导向的研究方法，提供倾听使用者的方法，了解使用者如何解读他们目前所处情境、过去的经验和未来可能面临的情境，以及使用者在所处情境中如何建构意义（Construct Sense）和制造意义（Make Meaning）。——译者注

试试这些实验，和你的团队一起改进（见第 12 章）：

- 明察暗访；

- 组织 Scrum Master 障碍收集会；

- 发现能促进整合和自主的行动；

- 利用开放空间技术制定本地解决方案。

在僵尸 Scrum 中，我们没有目标或目标是他们强加给我们的

如果团队和大家有足够的自主权，但在没有明确的目标来指导自组织团队，它们会朝着许多不同的方向前进。这是在僵尸 Scrum 中经常发生的事情，这可能是每个参与其中的人感到巨大挫折的来源。

需要注意的迹象

- 在 Sprint 中没有明确的目标来帮助团队统一工作，无论团队内部还是团队之间。

- 即使有一个 Sprint 目标，团队也无法解释利益相关者从哪些方面受益，以及如何从这个目标中受益。

- 人们大多是在自己的 Sprint Backlog 上工作，当在工作中遇到问题时，他们大多在没有他人帮助的情况下自己解决。
- Scrum 团队不知道其他 Scrum 团队在做什么，即使它们都是为同一个产品工作。

所有组织都面临的主要挑战之一是对齐（Alignment）问题。在传统管理中，管理者的一个核心任务是确保团队、部门和员工所做的工作与组织制定的计划、目标和战略对齐。例如，当多个团队在一个产品上工作时，管理者可以通过每周的状态更新报告或会议来了解情况，并决定开始和停止什么，或者主管要求一个团队去做另一个更重要的事情。这看起来很有效率，但它也把管理者变成了瓶颈。经理可能没有最新的信息，不知道现场发生了什么，或者用户遇到的问题，或者团队看到的潜在商业机会。这使得他们和整个组织更难对环境的突然变化做出反应。另外，让管理者对对齐负责意味着他们的创造力、智慧和经验决定了这种对齐是否成功。

自我管理的团队使用一种不同的机制来对齐工作，并驱动团队内部和团队之间的自组织。它们没有专门的角色（经理）或标准化的结构（等级制度和政策），而是通过令人信服的目标和鼓舞人心的目的进行自我调整。

　　共同的目标是自组织的导轨。为了促进快速决策和利用大家的专业知识，与产品有关的目标应该由 Scrum 团队自己制定。Sprint 目标就是一个很好的例子。当 Scrum 团队为它们当前的 Sprint 设定了一个清晰而有价值的目标时，这将帮助它们做出决定：在 Sprint Backlog 中哪些对实现该目标更重要。当一个成员发现有什么东西阻碍了目标的实现时，这就给了团队一个很好的机会，让它们退后一步，反思如何更好地前进，如何调整它们的 Sprint Backlog。除了 Sprint 目标之外，Scrum 团队应该能够一起设定技术目标，或者改进目标。产品策略和中间产品目标应该由 Product Owner 与利益相关者协调制定。这样，Scrum 团队就能最大限度地发挥它们的能力来快速响应变化、影响它们的产品，同时最大化它们的工作价值。

　　更高层次的目标，如商业目标和战略目标，可能是由其他人（如管理层）制定的。但即便如此，让每个人都参与到这些目标的制定中来，也能建立起对这些目标的支持，并允许包含更多的观点。当人们理解了为什么会有这些目标时，它也使人们更容易朝着期望的方向自组织起来。

试试这些实验，和你的团队一起改进（见第 12 章）：

- 用强有力的发问来创建更好的 Sprint 目标；
- 为自组织找到一套最小的规则集；
- 发现能促进整合和自主的行动。

在僵尸 Scrum 中，我们没有将客观环境作为外部记忆

当团队将客观环境作为外部记忆（External Memory）[1]时，自组织会逐渐变得容易。在有僵尸 Scrum 的环境中工作的 Scrum 团队往往不能很好地做到这一点。这就阻止了一种重要的自组织类型，即"共识主动性（Stigmergy）"。

需要注意的迹象

- Scrum 团队没有一个物理的 Scrum 看板。相反，组织的准则要求所有团队使用统一的数字化工具。

---

[1] 外部记忆（External Memory），也称作外脑，该词汇来自戴维·艾伦的《搞定：无压工作的艺术》（Getting Things Done:The Art of Stress-Free Productivity）一书。戴维认为我们的大脑并不善于（或者不应该用于）记忆和回忆，而善于对某个特定的议题进行创造性的应对。为了适应有限的记忆，我们应该创造客观环境，通过在我们的环境中创建这些记忆的物理痕迹（如便笺纸、模型、海报等）来鼓励情境认知。——译者注

> - 各团队不允许在墙上张贴宣传性海报。"保持桌面整洁政策"同样也适用于墙壁。
> - 团队成员之间的沟通主要通过 Slack、电子邮件等数字化方式进行。没有物理的信息雷达图，可以让团队聚集在一起进行交流。

共识主动性最早是由生物学家 Pierre-Paul Grassé 在白蚁群中发现的。[1] 虽然白蚁是没有个体智慧的生物，但它们可以一起建造巨大而复杂的巢穴。这是由于白蚁可以制造出充满信息素的泥球，最初把泥球留在随机位置，其他白蚁在闻到信息素的地方堆积类似的泥球，导致泥球随着时间的推移聚集在同一地点，随着泥球的堆积，它们对其他白蚁的吸引力也越来越大，这是一种积极反馈的形式。

当一个施动者（如人、蚂蚁、机器人）在环境中留下一个非常清楚地表明接下来需要做什么的痕迹，以至于随后出现的施动者可以在不直接沟通或控制的情况下这样做时，就会发生共识主动性。

人类组织中共识主动性的例子包括维基百科和开源项

---

[1] Bonabeau, E. 1999. "Editor's Introduction:Stigmergy." *Artificial Life* 5(2): 95–96. doi:10.1162/106454699568692. ISSN: 1064-5462.

目 [1]：个人执行小任务并留下痕迹（提交、想法、缺陷报告），这些痕迹被其他人收集使用。他们可以构建一个免费的百科全书、复杂的软件和复杂的框架，而无须任何人告诉他们该怎么做。不断地直接沟通对于协调复杂的工作是没有必要的。留在环境中的痕迹质量和它们的简洁易懂决定了后续行动的质量，以及自组织的发生程度。一个痕迹必须是具体的，以至于它基本上必须说明下一个行动（或共识主动行动）[2]。

共识主动行动是 Scrum 团队协同工作的一个重要机制（见图 11.4）。Product Backlog、Sprint Backlog 和增量是已经完成或即将完成的工作的痕迹。在一个 Sprint 期间，Sprint Backlog 上的下一事项越清晰、越完善，团队就越容易在不需要直接沟通的情况下协同工作。当 Scrum 团队通过持续集成来同步它们的工作时，也会发生这种情况，因为一个中断的构建或失败的部署表明有具体问题需要修复。自动化测试也会鼓励共识主动行动，因为失败的测试表明有具体

[1] Heylighen, F. 2007. "Why Is Open Access Development So Successful? Stigmergic Organization and the Economics of Information." In B. Lutterbeck, M. Bärwolff, and R. A. Gehring, eds., *Open Source Jahrbuch*. Lehmanns Media.

[2] Heylighen, F., and C. Vidal. 2007. *Getting Things Done: The Science behind Stress-Free Productivity*. Retrieved on May 27, 2020, from http://cogprints.org/6289.

问题需要修复。在墙上有一个明确的 Sprint 目标，可以帮助 Scrum 团队区分什么是重要的、什么是不重要的，它为共识主动行动指明了方向。

图 11.4　在我们周围处处都是我们一起工作的痕迹，这让我们更容易合作，并在彼此的工作基础上进行共创

　　不幸的是，僵尸 Scrum 经常会阻止共识主动性，实际存在的客观环境并不能强化外部记忆。团队没有把 Sprint Backlog 贴在团队房间的墙上，而是要使用公司规定的数字化工具。或者，来自 Sprint Retrospective 的行动项最终被放在电子邮件或某人的抽屉里，而不是挂在墙上清晰可见。团队不是在移动白板上绘制架构图，而是把它们存放在一个数字文件夹里。重要的指标在数字仪表盘中，只有 Product Owner 可以访问。这并不意味着数字化工具是不好的，但是因为这种需要登录操作或通过虚拟文件夹管理的方式很容易隐藏这种痕迹，使其不那么明显，最终阻碍了共识主动性。

你必须在数字化工具中主动地搜索才能找到它们。那张架构图保存在网络上的一个特定文件夹里，Sprint Backlog 在你的浏览器的某个标签下，而上一个 Sprint 的改进项列表则在两天前发出的邮件里。这使这些痕迹静静地待在那里，不再那么活跃。将正在发生或将要发生的工作展现在团队周围，这有助于鼓励团队内部和跨团队的自组织。

试试这些实验，和你的团队一起改进（见第 12 章）：

- 使用物理 Scrum 看板；
- 明察暗访；
- 用强有力的发问来创建更好的 Sprint 目标。

在僵尸 Scrum 中，我们被标准化阻碍

因为自我管理的团队有更大程度的自主权来决定如何开展工作，所以效率思维（见第 4 章）会引出一些强烈的说法。例如，当每个团队以不同的方式工作时，将"是一团糟！""多次重新发明轮子真的很低效！"或"这将会引发混乱。"这里的一个潜在观点是，同一问题的多种解决方案不如单一的、标准化的解决方案更有效率。但这里有两个很重要的问题。

1.为什么团队做出不同的选择会成为问题？每个团队都是不同的，它们所面对的环境至少略有不同；一个团队解决

问题的方法可能不同于另一个团队，但如果每个团队都能有效地解决问题，这有什么区别呢？

2. 为什么对标准化、集中化、统一化解决方案的渴望会压倒每个团队所提供的最佳方案呢？

需要注意的迹象

- 如果没有团队以外的人批准，Scrum 团队就不能改变它们的工具或流程。

- 在每个 Sprint，Scrum Board 都会在"等待"一栏中显示大量的事项，在这些事项中，只有产品的直接利益相关者（如另一个团队、部门或供应商）执行了某个活动或对其给予批准，才能将该事项移至"完成"栏，因为标准程序要求这样做。

- Scrum 团队无法选择它们的物理或数字化的工作方式，因为它们需要遵守组织设定的常规政策。

- Scrum 团队需要遵循标准化的实践。例如，编写用户故事或用故事点进行估算，以及使用标准化的工具和技术。

- Scrum Master、开发人员和 Product Owner 的工作描述都被标准化，没有考虑到他们的背景情况。

在高度标准化的环境中，Scrum 团队探索适合自己的解决方案来应对当前环境发生事情的能力将受到限制。当标准化的解决方案、工具、结构或实践不能很好地应对环境中的变化时，就会影响团队甚至整个组织。这样的标准化使整个系统在面对突如其来的变化时明显地更加脆弱。假如突然发现所有团队都使用的一个技术栈有一个严重的、无法修补的安全漏洞，那该怎么办？如果要求所有的团队在一些不合理的领域上继续写用户故事而让团队感到非常沮丧，那该怎么办？如果那个拥有很强专业技能的人突然到竞争对手那里工作，那该怎么办？

是解决方案、职能、实践和结构的可变性使组织对突发性变化更加反脆弱（见第 10 章），而不是标准化。这种可变性其实降低了各种问题干扰组织的一切可能性。我们考虑将双回路学习作为必要的实验，它可以帮我们得到不同的潜在成果。这种冗余可能看起来效率不高，感觉很浪费，但正如 Nassim Taleb 所说的那样："冗余就是……，它看上去是一种浪费，除非发生意外情况。然而，意外通常会发生。" [1] 在复杂的环境中，冗余是一种竞争优势。

当自组织被赋予一定空间时，更多的解决方案就会涌现出

---

[1] Taleb, *Antifragile*.

来。当自我管理的团队有自主权提出自己的解决方案时，反脆弱性也随之而来。同时，可以将一些实践落实到位，让团队分享成功的方法，其他团队也可以从中获得灵感。像内部共享代码仓库、正在进行的变革举措概述、内部博客和定期的创新解决方案交流场所，这只是帮助团队积极分享知识的几个例子。

试试这些实验，和你的团队一起改进（见第 12 章）：

- 发现能促进整合和自主的行动；
- 打破常规；
- 清晰地表达你的求助；
- 组织 Scrum Master 障碍收集会；
- 使用许可币让低自主性的成本透明化。

健康的 Scrum：自组织应该是什么样子的

当 Scrum 团队自我管理工作的能力和移除工作障碍的能力受到限制时，僵尸 Scrum 往往就开始了。我们在本书中提到的许多其他问题都是从这里开始的。Scrum 团队通常清楚地意识到阻碍因素，这些因素使它们难以将产品快速发布，难以开发出利益相关者所需要的产品，也难以持续改进。但是，如果没有对移除这些障碍的控制感，也没有对此的支持，那么团队退回到僵尸 Scrum 是可以理解的。

在本章的这一部分，我们将探讨健康的 Scrum 团队是什么样的、自组织是什么样的、它们如何自我管理工作、Scrum 团队如何一起工作以推动整个组织的变革、Scrum Master 和管理层的角色是什么。

Scrum 团队拥有产品自主权

健康的 Scrum 团队有充分的自主权来决定产品，以及如何、何时以及由谁来完成该产品的工作。在 Scrum 团队中，Product Owner 对产品的"做什么"有决定权；Development Team 对"如何做"有决定权；Product Owner 在产品愿景或设计策略的指导下，对 Product Backlog 中的内容和顺序有最终决定权；Development Team 对如何完成工作以及在一个 Sprint 的范围内完成多少工作有最终决定权。

当 Scrum 团队拥有完全的自主权时，这并不意味着它们可以无视他人，为所欲为。"控制点（Locus of Control）"的概念在这里是很有帮助的。[1] 当团队做出关于产品的决定时，控制点是在内部的，但当决定是其他人做出时，控制点

---

[1] Rotter, J. B. 1966. "Generalized Expectancies for Internal versus External Control of Reinforcement." *Psychological Monographs: General and Applied* 80: 1–28. doi:10.1037/h0092976.

是在外部的。尽管控制点仍在 Scrum 团队手中，但它们与利益相关者、其他 Scrum 团队、相关部门和管理层密切协调工作。内部控制点也带来了对决策结果（成功和不成功）的责任。

表 11.1 显示了一个更完整的概述。自我管理的其他方面（例如，自己定工资、作为一个团队来实现盈亏平衡，以及在团队内部进行绩效评估）可能是这种控制的自然扩展，但它们肯定不是必需的。同样地，一些 Product Owner 可以自主制定产品预算，这虽然很有帮助，但这种预算权并不是必需的。至少，Product Owner 应该对如何使用分配给他们的预算有自主权。

表 11.1　Scrum 框架中一些关键领域的控制点和责任

角色 / 控制点	Scrum 团队	Product Owner	Development Team	Scrum Master
定义产品策略		×		
定义完成的标准（DoD）	×			
定义 Sprint 目标	×			
Sprint Backlog 中的内容和优先级			×	
Product Backlog 中的内容和优先级		×		
Product Backlog 中的工作是如何完成的			×	

续表

控制点＼角色	Scrum 团队	Product Owner	Development Team	Scrum Master
谁成为 Development Team 的一份子			×	
解决 Development Team 自己无法解决的障碍				×
维护 Scrum 框架的完整性，以便通过经验进行工作				×

　　在许多组织中，不止一个 Scrum 团队在同一个产品上工作。在这种情况下，是否规模化（以及如何规模化）的决定权在 Scrum 团队手中。增加更多的团队必然会增加复杂性。Product Owner 必须想办法在多个 Scrum 团队中规模化协作他或她的工作。Scrum 团队更依赖于其他团队，因为它们试图在每个 Sprint 中创建一个整合所有团队工作的"完成增量"。

　　健康的 Scrum 团队通过团结协作找到规模化工作的最佳方式，它们不是通过直接使用现成的规模化框架来简化学习过程，而是通过识别障碍以及为什么会有障碍进行双回路学习。在某些情况下，阻碍每个 Sprint 发布的是技术栈。在其他情况下，同地办公促使 Scrum 团队的沟通协调更顺畅。创造性的解决方案来自双回路学习。例如，Scrum 团队可以发现，一个产品可以被分解成更小的产品或服务，从而减少了许多团队在同一个产品上工作的复杂性，或者它们决定投入持续部署流水线，这样更容易整合和发布集成后的产品。

这就是自我管理和双回路学习使自组织成为可能的地方。自主的 Scrum 团队应该为自己遇到的问题创造规则、结构和解决方案，而不是由管理层或外部顾问告诉它们该怎么做。

管理层支持自组织 Scrum 团队

除了 Scrum Master 之外，经理们在支持自我管理和由此涌现的自组织活动中也起着关键作用。管理者可以是支持性的，也可以是破坏性的。在健康的 Scrum 环境中，管理者不会通过自上而下的控制、现成的框架或标准化的解决方案来强制实现一致性。相反，他们应该专注于制定更大的战略目标，Scrum 团队可以从中提炼出针对产品的工作目标。它们没有强制要求单元测试覆盖率应该是 100%，而是设定了一个目标，将客户对产品质量的满意度提高 25%。它们不是为新的利益相关者确定 Product Backlog 的内容，而是设定一个在 6 个月内进入新市场的目标。它们不要求团队遵守现成的框架或实践，而是鼓励团队提出它们需要什么以变得更有效，然后支持这些需求。

就像 Scrum Master 一样，经理人的存在是为了支持自我管理和自组织。他们不是通过做决定来领导，而是通过创造一个 Scrum 团队能自己做决定的环境来领导。

新兵，自组织就像一条河流，墙壁、水闸和碎石对它的阻碍越大，它就越是无法绕过那些不可避免的障碍物而顺流直下。

现在怎么办

在本章中，我们探讨了什么是自组织，以及如何通过自我管理的团队实现自组织。我们解释了自组织是如何在复杂、不确定的环境中成为一种重要的生存策略，而不是像以往那样抽象的概念，在当下的环境中，突如其来的变化会打乱一切。我们还探讨了一些常见的症状，这些症状帮你识别自组织能力（过低）的情况。虽然有许多潜在的原因，但我们涵盖了最重要的几个原因。

但是，当你面对低水平的自组织时，你能做什么呢？本章中的许多原因可能是你无法控制的。尽管如此，在下一章中，我们将提供实用的实验，以帮助你做出改变。

第 12 章　实验

文化只是一具蹒跚的僵尸，重复着它在生活中的所作所为；有一些东西掉了下来，而它似乎没有注意到。

—— Alan Moore, 漫画作家

在本章中：

- 探索培养和促进自组织的 10 个实验。

- 了解这些实验对僵尸 Scrum 的生存有什么影响。

- 发现如何执行每个实验以及需要注意的事项。

在本章中，我们将分享一些实用的实验，为团队的自我管理创造出更大的空间，培养和鼓励团队和整个组织的自组织。尽管这些实验的难度各不相同，但每个实验都会使后续步骤变得更容易。

实验集：提高自主性

下面的实验旨在增加团队的自主权，或者至少使缺乏自主权的情况变得透明。当团队能够自主地提出自己的解决方案时，自组织就更有可能实现。

使用许可币让低自主性的成本透明化

团队的自主性随着它们对外部人员的依赖关系增加而降低。有些依赖关系是明确的。例如，Scrum 团队需要团队以外的人为它们做一些事情。有些其他的依赖关系则是隐性的，必须征求团队以外的人的许可或批准才能继续工作，这就是一个很好的例子。本实验就是要使需要许可的地方和频率透明化（见图 12.1）。

图 12.1　若忽视对 Scrum 团队的所有现存约束，则可以期待它们能很容易地创造奇迹

投入 / 影响比率

投入	☆☆☆☆☆	这个实验只需要一个罐子、一些许可币，以及 Sprint Review 期间的几分钟时间
生存影响	☆☆☆☆☆	即使在最僵尸化的环境中，重新获得某种意义上的控制权也会让人松一口气

步骤

要尝试这个实验，请做下列工作。

1. 找到一个空罐子或其他容器，并把它放在团队房间里，靠近 Sprint Backlog 的地方是最好的位置。

2. 给团队里的每个人发一堆许可币。可以使用弹珠、乐高积木、磁铁或便笺纸。用不同的颜色表示不同的许可类别。例如，允许发布某些内容，将一个事项从 Scrum Board 上的一列移动到另一列，或者改变工具或环境的权限。为了简单起见，建议限制 5 个类别。

3. 在 Sprint 期间，每当 Scrum 团队中有人需要向团队以外的人征求许可时，就在罐子里放一枚许可币。例如，当外部架构师需要批准一个项目完成时，就在罐子里放一枚许可币；当 Product Owner 必须与外部经理审核一个项目时，当需要办公室管理人员的许可来购买便笺纸时，在罐子里放一枚许可币；当需要外部管理员修改配置的时候，也要在罐子里放一枚许可币。除了请求许可之外，每当需要团队以外的人执行一个特定的操作时，也要添加一枚许可币。

4. 在 Sprint Review 期间，在利益相关者在场的情况下，分享罐子里的许可币数量。问：“偏低的自主性如何影响当下我们能快速适应以做最有价值的事情的能力？我们在哪里可以简化？”请大家先自己默默地考虑这个问题，然后两两结对，讨论 2 分钟，接下来与另一对结对，再讨论 4 分钟。与整个团队一起找到最显著的改进项。Sprint Retrospective 是一个挖掘潜在改进的好机会。

我们的研究发现

- 从另一个角度来看，你可以为团队中的每个人使用不同颜色的许可币，这可以让你确定谁最需要许可。

- 如果你只想关注组织层面官僚机构的数量，就不要为来自直接利益相关者的请求添加许可币，如客户、用户或在你的产品上投入大量金钱或时间的人。

- 本章的另一个实验“打破常规”对于测试在哪些地方请求许可，以及它在哪方面妨碍了做正确的事情是重要的。

发现能促进整合和自主的行动

拥有自我管理的 Scrum 团队的组织面临着很大的挑战，既要平衡它们的自主权，又要保持它们的工作与组织的其他部分相结合。因为这两个方面都是同样可取的，而且我们不能简单地做出非此即彼的决定，所以面临着所谓的"悖论问题（Wicked Question）"。这个实验不是让钟摆完全摆向一边，而是要找到支持两边的方法。通过这种方法，可以帮助团队从"非此即彼"转向"是……和……"的想法。这个实验及其相应的工作表（见图 12.2）基于释放性结构工具"整合 – 自主"[1]。

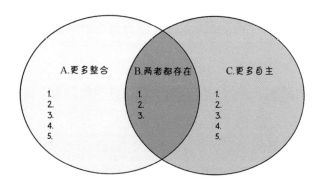

图 12.2　关于整合 – 自主的一个简单工作表

---

[1] [法] 亨利·利普曼 诺维奇，[美] 基思·麦坎德利斯 . 释放性结构：激发群体智慧 [M]. 储飞，曹宝祯，译 . 北京：中国广播影视出版社，2022.

投入 / 影响比率

投入	☆☆☆☆☆	这个实验会从缜密的引导过程和提出强有力的问题中获取最大收益，以此帮助团队摆脱僵局
生存影响	☆☆☆☆☆	当大家开始看到自主性和整合并不对立时，更多的自主和整合共存都将成为可能

步骤

要尝试这个实验，请做下列工作。

1. 邀请那些能提高 Scrum 团队的自主权或与它们为完成工作在某些方面利益攸关的人。这包括 Scrum 团队本身、它们所依赖的部门（反之亦然），以及管理层。

2. 帮助人们将自主和整合性之间的矛盾关系明确下来。问："对于 Scrum 团队来说，在它们的工作中，对自主和对整合的渴望之间的矛盾关系在哪里？"首先静默思考（1 分钟），然后邀请大家以两两结对形式分享他们的想法（2 分钟）。从整个小组中找出最显著的例子（5 分钟），例如，在 Scrum 团队对其 Sprint Backlog 的自主权和在 Sprint 期间出现的来自团队外的紧急问题之间可能存在的矛盾关系。在 Product Owner 对 Backlog 的自主权和保持与公司战略一致的排序之间可能存在矛盾，或者在允许 Scrum 团队选择自己的工具和要求使用符合企业环境安全的强制工具之间可能存在矛盾。

3. 探索促进整合的行动。在这个步骤中，参与者使用图 12.2 中的"整合 – 自主"工作表。它显示了三列，在这些列中写下可以导致更多整合（A）、更多自主（C）或两者都存在（B）的想法。小组将首先关注 A 列。问："哪些行动可以促进 Scrum 团队中的活动与其他地方发生的事情整合？"首先静默思考（1 分钟），然后邀请大家以 4 人一组的方式分享他们的想法（5 分钟）。在工作表的左边（A）记录下各小组最显著的行动（10 分钟）。

4. 探讨促进自主的那些行动。可以问："哪些行动能提高 Scrum 团队的自主性？"在工作表的右边一列（C）记下它们。首先静默思考（1 分钟），然后邀请大家在 4 人小组中分享他们的想法（5 分钟）。在工作表的右边（C）记录各小组最显著的行动（10 分钟）。

5. 现在你至少已经有了针对这些棘手问题在某一方面的行动，帮助小组进入"是……和……"的思考。可以问大家："哪些行动能同时促进整合和自主？"把它们记录在工作表的中间列（B）。首先静默思考（1 分钟），然后邀请大家以 4 人一组的方式分享他们的想法（5 分钟）。将各小组最显著的行动记录在工作表的中间列（10 分钟）。

6. 现在大家已经体会到能融合双方利益的行动（B），让我们回看一下先前的行动，看看它们是否可以转移到中间位置。尝试提问："工作表左边或右边的哪些行动可以通过创造性思维的调整来促进它们整合和自主？"首先静默思考（1 分钟），然后邀请大家在 4 人小组中分享他们的想法（5 分钟）。将各小组最显著的行动记录在工作表的中间位置（10 分钟）。

7. 根据它们提升整合和自主的能力对行动列表进行排序，通过使用 15% 的解决方案识别出最具影响力的行动（见第 10 章）。

我们的研究发现

- 想出具体而切实的行动可能有些困难，可以不断地提问"你将如何帮我们做到这一点？"或"那将会是一个什么样子呢？"以使各小组超越那些抽象的想法和陈词滥调（如"我们需要更多的沟通"）。

- 如果你的团队比较大，可以让每 4 个人组成的小组负责在步骤 2 中确定的一项行动。让它们在自己的小组中从该行动的角度填写整个工作表。

- 你可以用其他更棘手的挑战性问题来代替"整合 – 自主"话题。例如，在尽可能快地响应变化和防止巨大错误之间也存在矛盾；或者在标准化和定制化之间存在矛盾。在任何棘手问题下工作都是最有意义的！

打破常规

组织制定规则是有原因的。在通常情况下，它们的目的是通过防止错误来保护公司和员工受到伤害，但是有些错误并不像为防止错误而存在的规则那样糟糕。许多 Scrum 团队无法自组织，无法按照公司的最大利益行事，因为规则妨碍了它们。这个实验就是要测试哪些规则是重要的。这在大公司听起来可能有风险，但我们会帮你准备。

投入 / 影响比率

投入	☆☆☆☆☆	这个实验需要你既大胆又细心，走得太远可能会产生后果
生存影响	☆☆☆☆☆	如果你能做到这一点，这个实验就有可能树立积极的榜样，引发一波变革

步骤

要尝试这个实验，请做下列工作。

1. 把你的整个 Scrum 团队召集起来。识别出一个你在工作中被禁止的行动，但你认为该行动对你的组织或利益相关者有明显的好处，或者会使你的团队更加高效。例如，在另一个团队的代码库中修复一个 bug，或者为了能让你的团队在遇到问题时立即解决问题，先不征求指定经理的同意就批准一个变更，而不是把问题交给其他人。本章的另一个实验

"使用许可币让低自主性的成本透明化"是找到更多规则的好方法。

2.讨论一下，如果你违反了这个规则会发生什么？会有什么后果？结果是否证明了所采取手段的合理性？如果其他团队也无视这条规则，会对组织产生什么影响？

3.制定一个计划，如果你违反了规则，惹上了麻烦，你能做些什么？你将如何为你的行为辩解？是否有办法提前缓和紧张关系？例如，发送一封友好的电子邮件或赠送一盒巧克力。

4.当你确信你的行动符合组织的最佳利益，而且风险可以接受时，就打破规则。如果你不确定，就不要打破规则。

5.如果你成功了，那么召集团队，讨论是否有可能以及如何永久地改变这个规则。你可以用你的行动作为例子来说明为什么这个规则已经过时了。第 10 章中的"在整个组织中分享'障碍简报'"和"利用正式和非正式的人际网络来驱动变革"等实验可以帮助你开始。

我们的研究发现

- 这个实验的目的不是要创建一个破坏每个人工作、造成伤害的叛逆团队，而是要挑战那些阻碍成功的过时规则。不要选择只有利于你的团队而不利于整个组织的行动。

- 不要对个人或组织造成持续性的伤害；选择一种更温和的方式来质疑规则，而不是简单地打破它。

实验集：鼓励自组织

当从事这项工作的人制定适用自己的规则和工作方式来处理遇到的挑战时，自组织就会涌现。这些本地解决方案更适应团队所面临的挑战，也可能比由他人发明或从其他地方复制的解决方案更有效。但在团队对自己的决策能力有信心之前，它们往往很难提出高质量的本地解决方案。下面的实验有助于建立这种信心。

为自组织找到一套最小的规则集

正如在第 11 章中探讨的，自组织是一个过程，当自我管理的团队在一起工作时，规则会自然出现。少量且非常重要的规则比有许多不重要的规则要好。你可以通过以下实验来引导识别这些基本规则。它基于释放性结构工具"最小规格（Min Specs）"[1]。

---

[1] [法] 亨利·利普曼 诺维奇，[美] 基思·麦坎德利斯. 释放性结构：激发群体智慧 [M]. 储飞，曹宝祯，译. 北京：中国广播影视出版社，2022.

投入 / 影响比率

投入	☆☆☆☆☆	这个实验需要缜密的引导过程和一些精力来吸引所有参与 Scrum 团队工作的人
生存影响	☆☆☆☆☆	就像群鸟可以通过遵循一些规则在空中创造出美丽的形状一样，这同样适用于 Scrum 团队的协作

步骤

要尝试这个实验，请做下列工作。

1.邀请所有在具体产品上工作的 Scrum 团队，也包括那些团队依赖的人或从团队工作中受益的人，如利益相关者、管理层和相关部门。这次聚会的目的是澄清 Scrum 成功所必须遵循的规则。

2.两个小时应该是足够了。团队通过这个挑战问题来进行准备："对于我们来说，为了在每个 Sprint 中交付一个集成的、完成的增量，哪些规则是绝对必要的 ?"

3.请每个人花几分钟时间，写下为了完成这个挑战所需（大大小小）的规则。把规则写成"我们必须……"或"我们不能……"（2 分钟）。然后，请大家组成小组（3 ~ 5 人），将他们的清单合并成一个较长的清单（15 分钟）。这些就是"最大规格（Max Specs）"。在整个团队中，请大家举一些例子来分享（5 分钟）。

4. 重申一遍那个挑战问题，让每个人都对它记忆犹新。

5. 请大家看一下自己小组中的清单。所有人保持静默，让他们对照挑战问题测试每个事项。如果打破或忽视该规则，是否有可能实现这个挑战问题？几分钟（如 2 分钟）后，鼓励大家把思维转移到他们的小组中，共同努力把清单减少到最小的数字（15 分钟）。如果打破或忽视规则并不妨碍小组实现挑战问题，则移除这些规则。同时，还可以移除或重新制定那些对行为要求不明确的规则（例如，"我们必须多沟通"或"我们必须在一个信任的环境中工作"）。收集剩余的"最小规格"，并汇总在一起。

6. 当你或你的小组认为可以进一步削减"最小规格"时，则可以在收集到的"最小规格"集上再进行一轮削减。在这种情况下，请各小组考虑所收集的"最小规格"清单，并重复相同的步骤。

7. 将生成的"最小规格"作为一套团队协作的基本规则。定期重复这个实验以更新规则。你可以跟进本章的其他实验"清晰地表达你的求助"，以明确表达参与维护规则的人的需要。

我们的研究发现

● 团队经常会提出许多规则，它们的目标应该是找出最小的集合，这听起来更有挑战性。我们发现，这个练习的一个理想目标是制定 3 ~ 5 条规则。基本规则应该是非常重要和具体的，如果它们被违反，则人们会立即采取行动。

- 释放性结构"最小规格"非常适合帮助团体确定团队协作规则。你可以把它应用于诸如"作为管理层，为了支持我们的 Scrum 团队，我们必须遵循什么规则？"或者"作为 Scrum 团队，为了成功实现每个 Sprint 的目标，我们必须遵循什么规则？"的问题。

清晰地表达你的求助

当你没有从别人那里得到你需要的东西时，你很容易产生抱怨，但是你的要求足够明确吗？实际的答复有多清楚？要想清楚地表达你从别人那里需要什么才能达到目的，这其实并不容易，如果你被别人这样提问时，给出一个清楚的答复也不容易。

模糊的沟通很容易导致沮丧和指责，这很不幸，因为自我管理的团队往往需要从别人那里获得很多东西才能成功。下面的实验让团队有机会清楚地表达求助，并对提出的要求给出明确的答复。它建立了更有效的沟通模式，产生持久的影响。它基于释放性结构工具"我需要你（What I Need From You）"[1]。

投入 / 影响比率

投入	☆☆☆☆☆	这个实验需要缜密的引导过程。你可能会感到紧张的气氛，因为这个实验让事情变得真实（向着好的方向）
生存影响	☆☆☆☆☆	这个实验在当下立竿见影，但也会对大家在组织内的沟通方式产生持久的影响

步骤

要尝试这个实验，请做下列工作。

1. 邀请（多个）Scrum 团队和其他直接或间接对发布产品增量有贡献的部门。这可以包括运维或基础架构团队，人力资源、市场营销或管理部门。解释一下，目标是让产品或项目成功，我们需要每个部门向其他人询问他们最需要的支持。然后，他们将收到一个是否可以满足该请求的明确的答复。

2. 请参与者根据他们通常工作的职能部门组成相应的小组。例如，Scrum 团队是一个小组，人力资源部门是另一个小组，依此类推。

3. 让参与者列出在这个房间中你最需要其他职能部门提供的帮助请求。请每人先静默单独做（1 分钟），接着两人一

[1] [法] 亨利·利普曼 诺维奇，[美] 基思·麦坎德利斯. 释放性结构: 激发群体智慧 [M]. 储飞，曹宝祯，译. 北京: 中国广播影视出版社，2022.

组做（2 分钟），然后四人一组做（4 分钟）。最后，让大家回到一开始组建的小组或职能部门，把小组的集体诉求减少到只有两个最重要的（10 分钟）。将这些请求以"我需要从你那里得到的是……"的形式写出来，并应针对特定的其他小组或职能部门。给各小组额外的时间来讨论和完善他们的请求，根据整个团队的规模，花费大约 5 ~ 10 分钟。要求他们的表达明确无误，没有含糊不清的地方。

4. 要求每个职能部门选出一位发言人，并邀请他们在中间围成一个圈。每个发言人向其他职能部门的相关发言人陈述他们的前两个帮助请求。当一个小组向另一个小组提出帮助请求时，该小组的发言人会做记录，但不回答。重要的是在这个环节中不能有任何讨论或澄清。

5. 当每个帮助请求都被提出后，发言人回到各自的小组，讨论他们对每个帮助请求的答复。要有意地将答复限制为"是""不是""呃？（我们不明白你的请求）"

6. 发言人再次围成一圈。他们逐个重复其他人提出的帮助请求和自己的答复。同样,在这个环节中没有讨论,也没有详尽阐述。

7. 根据具体情况，你可以再做几轮提问和答复。目的是让大家（痛苦地）明白，在寻求帮助时，具体地说明问题是多么重要。这就是为什么通常在第一轮之后就停止。然而，有些时候，小组已经清楚地理解了本意，并能提出另一个可能会帮助他们向前迈出一大步的帮助请求。在这种情况下，再来一轮的好处远超遵循教条的步骤。

我们的研究发现

- 这个实验的目的是练习提出准确的帮助请求，并给出明确的答复。这不是一个讨论的地方。如果帮助请求不明确，就说明这个小组需要在沟通中努力使它变得更加明确。

- 在这个实验中，各组为了表达明确的要求并（最终）得到明确的答复，团队氛围有些紧张是自然的。意识到这种紧张，在它出现时接受它。

- 鼓励参与者在这次会议之外继续用同样的形式来交流他们的请求。如果一个请求没有被理解或被拒绝，试着用不同的方式提出。

- 如果你看到小组成员抱怨和指责其他人，问问他们具体需要什么，他们是否已经充分沟通了这个请求。

明察暗访

没有经验的 Scrum Master 往往急于解决问题，提供建议，并指出前进的道路。虽然这可能是有帮助的，但它也会阻碍团队学习和成长的能力，并削弱团队自组织的能力。本实验旨在让 Scrum Master 在解决问题和赋能成长及自主之间找到更好的平衡。

投入 / 影响比率

投入	☆☆☆☆☆	难度取决于你是否能泰然自若。大多数 Scrum Master 都热衷于提供帮助，这让实验变得很难
生存影响	☆☆☆☆☆	能够系统观察 Scrum 团队的运作才能发现它们最大的障碍

步骤

要尝试这个实验，请做下列工作。

1.Scrum Master 在 Sprint 的开始阶段征求团队的同意，从这个 Sprint 中退到幕后。这是一个探讨自组织，以及你是如何妨碍自组织的好时机。作为 Scrum Master，你仍然会参与各种事件，但不需要在各个事件中积极活跃，不用去引导，不要提出建议或起带头作用。当团队陷入困境时，你仍然可以回答问题或提供帮助。

2. 在 Sprint 期间，观察团队的工作情况。使用下一节中描述的清单作为启发。每当你观察到什么时，不要急于下结论或作出解释。相反，问问自己具体看到或听到了什么。

3. 在 Sprint Retrospective 中，尝试去发现一下你的团队将你放在被动的角色（观察者的位置）是什么样的。在这样的变化下会发生哪些意想不到的事情？他们在哪里注意到了自组织？

4. 如果团队愿意这样做，你可以在 Sprint Retrospective 上分享你的实际观察反馈。例如，"我看到在 Sprint 的第一天，10 个事项中有 7 个是'进行中'"，或者"我注意到 Daily Scrum 通常会晚 5 ~ 8 分钟才开始，因为大家不得不等其他人"。给你的团队第一个机会来认识和理解这些观察反馈，然后以建设性的方式分享你自己的观察反馈。团队在一起工作时学到了什么？你们注意到了哪些阻碍因素？

5. 使用本书中的其他实验来分析和解决你发现的障碍。用你的观察反馈来推动你在 Sprint 期间提出的开放性问题。一个建立在观察基础上的适时而强有力的提问，可以创造出巨大的洞察力，否则需要几个月才能发现问题。例如，"在这个 Sprint 中，我们从来没有与我们的利益相关者互动过，这与我们为他们打造有价值的产品目标一致吗？"

以下是一些你可以在观察中注意的事情。

- 团队中的互动情况是怎样的？谁经常在说话？谁不经常说话？

- 当团队中有人提出建议时，通常会发生什么？它被考虑了吗？它被忽略了吗？它被批评了吗？大家有更多的想法将话题展开吗？

- 在 Sprint 期间，工作的流程是怎样的？在 Sprint 的某一天，有多少工作在进行？什么样的事项会在它们的流程中停留很长时间？谁注意到了这一点？

- 外部依赖对团队有什么影响？它们何时发生？它们是什么样子的？它们需要等待多长时间才能继续？

- 在 Sprint 期间，团队氛围怎样？人们是在大笑还是在微笑？人们是否有强烈的情绪反应？人们是和别人一起工作，还是大部分时间独自工作？

- 当团队遇到问题时会发生什么？谁会去主动解决这些问题？谁参与了？谁没有参与？是否总是由同一个人带头？他们是先探索不同的选项，然后选择一个，还是直接去解决问题？

- Development Team 是如何与 Product Owner 互动的？Product Owner 多长时间出现一次？Product Owner 会收到什么样的问题？又会给出什么样的答案？Product Owner 在决定如何安排 Product Backlog 的优先级时，会有哪些考虑？Development Team 是否参与其中？

- 团队是如何组织及协调工作的？在 Daily Scrum 过程中团队会做出什么样的决定？

- 团队是如何与周围的环境互动的？它们与其他 Scrum 团队的互动频率如何？它们在工作中被打断的频率是多少？

我们的研究发现

- 观察正在发生什么也是 Development Team 需要学习的技能。你可以尝试让团队成员轮流扮演这个角色。"观察者"仍然做他们的工作，但在会议中扮演一个被动的角色（观察者的位置）。

- 当你习惯于主导时，可能很难坐视不管，特别是当你注意到团队正在挣扎的时候。请相信它们有能力把事情弄清楚。反之亦然，也不要总是袖手旁观。当 Scrum Master 想帮助整个组织以经验主义的方式工作时，他们有很多工作要做。把这个实验看作短暂的喘息，这段时间的反馈也为你的下一步行动提供参考。

- 这个实验需要团队信任你这个 Scrum Master，否则，观察会让人感觉像是在监视。要非常清楚地说明你的观察目的，并且你只与团队分享。如果信任度很低，可以从其他实验开始建立这种信任，或者先在单个 Scrum 事件中实践这种观察者角色。

实验集：促进自我调整几个对齐

团队的工作通常发生在一个更为广泛的组织环境中。通常需要与其他地方的工作进行某种形式的对齐。与依靠集中化管理和自上而下控制的传统方法不同，自组织得益于自我调整的过程。在这里，团队和个人根据有价值的目标和环境中正在发生的事情来调整自己。下面的实验使这一点更加具体。

用强有力的发问来创建更好的 Sprint 目标

Sprint 目标帮助 Scrum 团队达到自组织的合作。Sprint 目标还明确了这个 Sprint 工作的目的和价值。它为 Scrum 团队提供了灵活性，可以根据需要改变它们的 Sprint Backlog，以应对突然的变更。但是，创建明确的目标是许多团队所面临的难题，尤其是在僵尸 Scrum 环境中。本实验提供了 10 个强有力的问题，以帮助你的 Scrum 团队创建明确的 Sprint 目标。

投入 / 影响比率

投入	☆☆☆☆☆	你所需要做的就是提出问题，看看团队如何回答。要让团队真正做一些有结果的事情需要付出很大的努力
生存影响	☆☆☆☆☆	你可以通过明确的 Sprint 目标来真正提高自组织能力

步骤

要尝试这个实验，请做下列工作。

1. 按照下面的描述，将问题打印在索引卡上，并带着它们参加各种 Scrum 事件。

2. 当 Scrum 团队在考虑下一个 Sprint 的重点时，邀请大家来问其中的一个问题，或者你自己提出一个问题作为例子。有些问题对开始创建 Sprint 目标有帮助，而有些问题则在团队已经有了目标，但还不够明确的情况下有帮助。

- 如果我们用自己的钱来支付这个 Sprint，什么工作能让我们有最大的机会拿回这笔钱？

- 当我们实现这个 Sprint 目标时，从利益相关者的角度看，什么地方已经明显改变或改善了？

- 如果我们在这次之后因为资金或时间耗尽而不再有下一个 Sprint，那么为了至少交付一些价值，我们还必须要做什么呢？

- 如果我们刚刚取消了下一个 Sprint，然后去度假，那么什么事情会不可避免地消失，或者以后变得更加困难？

- 为了实现这个 Sprint 目标，需要哪些步骤？哪些是最需要的步骤？或者如果有必要，我们可以不做这一步吗？

- 如果突然只有一半的团队人员可用，而我们只能做该 Sprint 目标所需的一半工作，那么 Sprint Backlog 中应该包含哪些内容才能保证最终的成果？哪些是我们可以暂时放下，以后再做的？

- 如果在 Sprint 目标中有一个"和"字（也就是说，如果目标由一个以上的事情组成并实现），要你必须选择，你会本能地首先做什么？如果先做那个事项，在另一个 Sprint 中做第二个事项，那么会有什么不可挽回的损失？

- 在实现这个 Sprint 目标的过程中，发生什么事情才值得庆祝？

- 对我们产品的哪些担心会让你夜不能寐？我们可以在这个 Sprint 中构建或测试什么来让你睡个安稳觉？

- 作为一个团队，就产品价值和学习方面我们还需要什么？在即将到来的 Sprint 中，最糟糕的方式是什么？为了防止这种情况，我们应该在这个 Sprint 中关注什么？

你可能会发现，由于环境的限制，这些问题不会立即有答案。当你同时运作多个产品时，或者当你的 Product Owner 对实施的 Product Backlog 的优先级没有发言权时，或者当你的 Scrum 团队无法在一个 Sprint 内交付可工作的软件时，你如何回答这些问题？你不应该关注如何在这些限制条件下精雕细琢 Sprint 目标，而应该探索这些限制条件怎样影响团队按照经验主义进行工作。

事实证明，如果团队制定 Sprint 目标是举步维艰的，那么这是一个明显的信号，你可能需要在其他方面进行改进。Sprint 目标的制定可以帮助 Scrum 团队找到真正阻碍它们前进的障碍。

我们的研究发现

- 请征求 Scrum 团队的允许进行这项实验。如果可能，那么一起做。学会根据这些问题来思考接下来的 Sprint 是团队需要掌握的一项重要技能。

- 不要等到你移除了所有限制 Sprint 目标障碍后再去实施它，及时与团队一起设定 Sprint 目标。不完美的 Sprint 目标总比没有目标好。如果没有 Sprint 目标，隐含的目标通常会变成只完成 Sprint Backlog 中的所有工作。这并没有给团队带来任何灵活性，也没有明确工作的目的和产品价值。相反，它含蓄地向团队发出信号，让它们戴上眼罩，尽可能快地工作。它削弱了团队围绕一个共同目标去自组织地协作的能力。

使用物理 Scrum 看板

在第 11 章中，我们说明了共识主动性是一种自组织形式，在这种形式中，协作是通过人们在环境中留下的痕迹自发发生的。这听起来很抽象，但它非常适用于 Scrum 团队。在这个实验中，我们提供了一个在团队层面上鼓励共识主动性的好方法（见图 12.3）。

图 12.3　和你的 Scrum 团队一起创建一个定制的物理 Scrum 看板

投入 / 影响比率

投入	☆☆☆☆☆	这个实验需要的就是大家一起搭建一个物理的 Scrum 看板。鼓励大家去尝试它需要付出一些努力
生存影响	☆☆☆☆☆	这个实验可提升团队的自组织能力

步骤

要尝试这个实验，请做下列工作。

1. 和你的团队一起，在房间里选一面空墙或窗户，根据 Sprint Backlog 搭建一个物理 Scrum 看板。使用喜欢的方式来搭建 Scrum 看板。我们喜欢从一列开始，将 Sprint Backlog 上的事项放在大索引卡上。第一列中的每个事项基本上都有自己的一行。第二列包含较小的卡片，用来存放完成第一列中的事项所需的子任务。后面的列代表团队工作流程中的步骤，如"待办""开发""测试""完成"。

2. 添加一组可视化标签以标记重要信息。我们经常使用红色磁铁来标记被阻碍的事项。你可以使用绿色的磁铁来标记第一栏中已完成的事项。另一个想法是给团队中的每人一个独特的头像，把头像放到他们正在进行的工作事项上。

3. 在 Scrum 看板旁边添加团队的 DoD，并将 Sprint 目标作为横幅放在 Scrum 看板上面。

4. 还可以添加其他元素来帮助团队协调工作。你可能很想把拥有的所有东西都扔到墙上。但请记住，它需要被持续维护才能发挥作用。另外，你的墙最好用于记录在 Sprint 期间经常更新的痕迹，而且要非常清楚，看到它们就知道下一步该怎么做。产品发布的工作流程和团队日历最好放在其他距离 Scrum 看板不远的地方。

5. 在整个 Sprint 过程中，团队一起更新 Scrum 看板，当有事情发生时（例如，一个事项受阻或已经完成），通过提醒你的团队注意 Scrum 看板，来帮助团队高频地使用它。以身作则，写下清晰的事项，并帮助其他人也这样做。

6. 利用 Sprint Retrospective 来反思你们是如何使用 Scrum 看板的。具体来说，寻找方法来提高你在看板上所写事项的可操作性和透明度。

你可以在团队的办公室中添加其他可操作的痕迹，比如以下痕迹。

- 构建流水线状态。
- 经常更新的过程测量指标，并告知关于下一步工作的决定，如"在制品"或紧急问题的等待时间。
- 你的团队维护的重要服务状态指标。

在共识主动性方面，没有什么比物理 Scrum 看板更好的了。对如何在上面展示或展示什么内容没有限制。仅是起身将卡片移到另一栏的动作就是一个共识主动性的行为，因为它表明某事已经准备好进行下一步了。如果你不想浪费纸张，也可以使用与便笺纸大小相同的可书写磁贴。如果你的团队坚持使用数字看板，那么确保在房间里有一个大的、可移动的显示器来展示它。

我们的研究发现

- 最初，人们可能很难看到物理 Scrum 看板与数字化 Scrum 看板相比有什么好处。这是一个很好的机会，可以和你的团队讨论共识主动性以及它是如何促进团队自组织的。在几个 Sprint 中尝试一下这个实验，然后决定什么对你的团队最有效。

- Jimmy Janlén 写 的 *96 Visualization Examples: How Great Teams Visualize Their Work*[1] 一书中有很多很好的例子。

实验集：探索本地化解决方案

虽然自组织发生在单个团队中，但随着规模的扩大，自组织会逐渐变得更加强大。而且，团队所面临的一些挑战可能更加困难，以至于它们无法自己想出解决方案。下面的实验创造了一个能够获得帮助和共同设计本地解决方案的环境。

组织 Scrum Master 障碍收集会

Scrum Master 的存在是为了帮助他们的团队和整个组织理解并按照经验主义的方式推进工作。这很难，特别是在被僵尸 Scrum 感染的环境中。我们总是先把 Scrum Master 召集在一起，看看他们在哪些方面可以互相帮助和支持。这个实验可以帮助你做到这一点。它基于释放性结构工具"智囊团" [2]。

---

[1] Janlén, J. 2015. *96 Visualization Examples: How Great Teams Visualize Their Work*. Leanpub.

[2] [法] 亨利·利普曼 诺维奇，[美] 基思·麦坎德利斯 . 释放性结构：激发群体智慧 [M]. 储飞，曹宝祯，译 . 北京：中国广播影视出版社，2022.

投入 / 影响比率

投入	☆☆☆☆☆	让你的 Scrum Master 在每个 Sprint 至少聚集一次（即使是视频会议）应该不会太难
生存影响	☆☆☆☆☆	当 Scrum Master 开始一起工作时，自组织往往会在整个组织中传播

步骤

要尝试这个实验，请做下列工作。

1.邀请你的组织中的所有 Scrum Master 参加第一次"Scrum Master 障碍收集会"。安排一个小时的时间（远程或面对面）。每个 Sprint 组织一次，最好是在 Sprint Retrospective 之后，这样障碍就会清晰地浮现在脑海中。要清楚这样做的目的是消除棘手的障碍。让每个人带来他们遇到的最困难的障碍，最好是那些跨团队的障碍。

2.第一步是确定在这次聚会中大家聚焦在哪些重要的主题类型（规律）上。请每个人与其他人结对，用几分钟的时间分享他们最紧迫的障碍（2 分钟）。然后，交换伙伴所讨论的最紧迫的障碍，重复两次以上（4 分钟）。最后，收集小组发现的最明显被关注的主题类型（规律）（5 分钟）。

3.请大家把椅子搬过来，围坐成一个（大）圆圈。在接下来的步骤中，挑选两三位 Scrum Master，他们将得到大家的帮助以消除他们的障碍。在每一轮中，从他们中选出一位扮演"客户"，其他参与者扮演"咨询师"，选择你所在组遇到的障碍的主题类型（规律）和相对应的障碍。

4.客户分享他们的障碍以寻求大家的帮助（2分钟）。咨询师提出开放式的、明确的问题（3分钟）。然后，请客户背对着咨询师，或者在视频会议中关闭网络摄像头。当客户背对着他们时，咨询师通过提问与提出意见和建议来帮助客户。在此期间，客户记录下自己印象中最好的点子(8分钟)。然后，客户转向咨询师，与咨询师分享认为有用的观点（2分钟）。

5.转移到下一个客户，你还可以继续完成两三轮。其他Scrum Master 和收集的障碍可以成为后续聚会的重点内容。

6.用"共创15%的解决方案"（见第10章）共创出行动步骤。在这个过程中，咨询师通常也能为自己的团队收获很多灵感。行动步骤也可以帮助他人。

我们的研究发现

- 当你想用一次聚会来深入挖掘具体的、反复出现的障碍时，第10章中的实验"利用正式和非正式的人际网络来驱动变革""一起来深入探讨问题和潜在解决方案""共创15%的解决方案""共创改进方法"都非常有用。

- 即使感觉很尴尬，也要确保客户在前面步骤清单中的第4步中完全背对着咨询师。客户最轻微的面部表情都能影响咨询师所提出的想法。

- 也可以将这个实验用于开发人员、架构师、经理和其他角色，或者将他们混合在一起。有一个较小的变体叫作"三人行咨询"[1]，即三人一组给予和获取帮助。在这里，一个人扮演客户，其他人扮演咨询师。在三个回合中，每个参与者只可以扮演一次客户。

利用开放空间技术制定本地化解决方案

遭受僵尸 Scrum 之苦的组织往往依赖那些在其他地方行之有效的解决方案和最佳实践，但它们并不一定适用于自己的组织所面临的挑战和环境。你可以通过为大家提供空间和时间，让他们一起克服共同的挑战，从而激励本地化解决方案的发展。

开放空间技术 [2] 是一个很好的方法。议程是由参与者共创的。人们参与到他们认为可以做出最大贡献的讨论组。开放空间技术的自组织特征使其成为学习自组织的好方法。在这个实验中，我们概述了一个简略的版本，并提供一些选项来使其更有效。

---

[1] [法] 亨利・利普曼 诺维奇，[美] 基思・麦坎德利斯 . 释放性结构：激发群体智慧 [M]. 储飞，曹宝祯，译 . 北京：中国广播影视出版社，2022.

[2] Harrison, O. H. 2008. *Open Space Technology: A User's Guide*. Berrett-Koehler Publishers. ASN: 978-1576754764.

投入／影响比率

投入	☆☆☆☆☆	当尽可能多的人参与时，开放空间技术效果最好，因此，这也是相当大的时间投资
生存影响	☆☆☆☆☆	频繁地使用开放空间技术可以转变你的组织

步骤

要尝试这个实验，请做下列工作。

1.邀请整个组织或一个部门参加开放空间会议，会议持续时间从几个小时到几天不等。开放空间会议的邀请应该始终是基于自愿加入的原则进行的。开放空间会议在比较大的会议厅或有很多小房间的会议场所效果最好。做好准备，为后续的交流活动画好时间表，并提供便笺纸、记号笔、白板纸和椅子。

2.介绍开放空间的概念和机制。参与者可以自由地加入他们认为最有用的会议，或者离开他们认为自己贡献不大的会议。这被称为"双脚法则"。此外，四条基本规则也促使自组织文化最大化：①来的人都是对的；②只要开始了，时机就到了；③凡事发生都是有原因的；④该结束时就结束。

3.介绍这次开放空间会议的核心议题。诸如以下开放性的话题"当前我们需要解决的挑战是什么？""我们如何提高团队的自主性？""我们如何在僵尸 Scrum 的情况下取得进展？"比狭义的话题效果更好。

4. 开放交流。邀请参与者提出他们想与他人探讨的挑战问题或话题，同时提出会议的时间和地点。在画好的时间表上显示会议信息。会议提议者也是发起者，但是他们不需要有该主题的经验。

5. 会议在预定的时间和指定的地点进行。

6. 如果有必要的话，可以要求每场会议的参与者对结果做一个简单的概述，或者发布到线上。

我们的研究发现

- 为了支持会议提议者，可以让一组志愿者来引导会议。这对于参与者之间存在明显权力不平衡的会议尤其有帮助。例如，这些不平衡往往表现在组织层级之间，并可能极大地影响讨论。

- 开放空间技术的一个常见陷阱是，会议会演变成无组织的群组对话，在这种情况下，大声说话的人占主导地位，或者会议提议者用整个时间段来"广播信息"，而没有利用在场人员的知识和经验。你可以通过"W³反思法""探索行动对话""1-2-4-All""15% 的解决方案"等释放性结构工具来克服这个问题。确保每次会议都有材料来记录大家的见解（如白板纸、便笺纸等）。

现在怎么办

在本章中，我们探讨了帮助你的团队提高自主性，并对自己的工作方式负责的实验。它是这本《拯救僵尸 Scrum：卓越敏捷团队生存手册》中的最后一块拼图。自组织是一个很好的催化剂，可以帮助你构建利益相关者所需要的东西，快速交付，并持续改进。当你为它创造能够催化的空间时，涌现出的本地化解决方案就可以将尸气赶走，并加速完全康复的进程。

想找到更多的实验，新兵？ 在 zombiescrum.org 上有大量的军火。你也可以通过提出对你有帮助的建议来扩大我们的武器库。

第 13 章　康复之路

一切都会好起来的！

—— Carl Grimes, *The Walking Dead*

在本章中：

- 完成僵尸 Scrum 抵抗组织的训练工作。

- 发现更多资源，帮助你走向康复之路。

- 找到同路人，与其并肩作战，一起克服僵尸 Scrum。

　　你已经到达了《拯救僵尸 Scrum：卓越敏捷团队生存手册》的最后部分。前面的内容已经涵盖了僵尸 Scrum 最常见的症状和原因。到目前为止，你应该清楚地了解到僵尸 Scrum 和健康的 Scrum 在表面上看似相似，但经过仔细观察可以发现它们完全不同。这些知识将帮助你将行动聚焦在能够产生最大效果的方面。例如，让利益相关者真正参与进来、更快地交付，以及帮助你的团队为自己的工作做主。它还向你展示了透明性在哪里以及建立变革的紧迫性。例如，它给大家展示了长周期时间使团队难以响应紧急的变化。但是，虽然这些知识帮你了解要改变什么，但你必须要将这些知识转化为果断的行动，以提高效能。我们已经提供了很多值得思考的东西，以及很多可以尝试的实验。在最后一章中，我们将在团队康复的道路上助你最后一臂之力。

祝贺你，新兵！你已经完成了训练。但当你把一切付诸实践时，冒险才真正开始。

一次全球化的运动

祝贺你！你现在是僵尸 Scrum 抵抗组织的正式成员了。我们是一个全球化的运动，旨在支持团队和组织的康复之路。在你的旅程中，你并不孤单。这里有一些提示，它们可以使你从这个运动中受益，并为之作出贡献。

- 启动一个内部的"僵尸 Scrum 聚会"。和组织中与你有共同信念的人一起阅读这本书，他们相信 Scrum 框架可以实现更多目标。你可以用"创办一个读书俱乐部"的实验（可在 zombiescrum.org 网站上找到）作为灵感来做这件事。

- 启动一个区域性的僵尸 Scrum 抵抗组织聚会，将来自不同组织的人聚集在一起。共同尝试这本书中的不同实验，完善它们并开发更多实验。聚会是一个相互支持的好地方。

- 在网上分享你在僵尸 Scrum 方面的经验，特别是分享你尝试了什么，哪些有效，哪些无效。诚实的故事是他人灵感的源泉。你可以用视频或博客文章在社交媒体上分享你的经验。

如果什么都无济于事呢

你必须要现实一点。不是每个组织都能或愿意从僵尸 Scrum 中恢复过来。在你所在的组织中，那些顽固的信念、现有组织结构和权力的不平衡可能使你很难改变团队之外的任何事情，甚至在自己的团队中也是如此，特别是当你无法找到更多志同道合的伙伴时。如果没有任何人帮你，你能做什么呢？如果你发现自己因为无法实现哪怕是最小的、局部的改变而感到越来越沮丧，该怎么办？

　　我们也曾在不同的组织中工作过，组织的每一次来之不易的前进都遭到了激烈的抵抗。最后，你自己能做的只有这么多。当你已经尽力做到你可以做的所有事情，可你仍然无法改变任何事情时，你很容易陷入愤世嫉俗和消极的状态。这种情况也经常发生在对 Scrum 框架的潜力抱有期望，但没有看到它在其他人身上发挥作用的时候。

　　请接受我们的忠告：在尝试了多次和许多不同的方式之后，在某些时候，失败是不可避免的，这并不丢人，而且，接受这个事实也使你的心理状态更健康。在某些情况下，我们放弃了 Scrum 框架，恢复到组织转型之前的现状。虽然离理想很远，但我们还是在能够得到控制的范围内工作，如技术质量。在其他情况下，当发现一位不拘一格的同事是新盟友时，我们就会继续努力。是的，在某些情况下，我们离开现在的公司，加入了与我们想法更一致的组织。

　　你对团队或组织的敏捷愿景可能并不总是被认同。有时候，你能做的最好的事情就是努力工作，尝试多种不同的方法来帮助大家看到敏捷的潜力。你可以持续做的事情就是加入僵尸 Scrum 抵抗组织。这里有一个庞大的、充满激情的社区，渴望给你支持和指导。加入这个社区，一起对抗僵尸 Scrum 吧！

更多资源

如果你渴望在这本书之后开始旅程，以下资源能帮助你。

- 我们已经创建了一个免费的电子版僵尸 Scrum 急救包。它包含了本书中一些有用的实验材料，以及其他有用的练习。请在 shop.theliberators.com/pages/the-zombie-scrum-first-aid-kit-chinese 上下载。也可以在那里订购打印版。

- scrumteamsurvey.org 网站上的调查可以为你的团队或组织进行僵尸 Scrum 的诊断。该调查是免费的，可以按照你的要求匿名使用。我们从数据分析中了解到更多信息，调查和事后收到的反馈都会不断完善。我们正在与大学合作开发这项课题研究，并在同行评审期刊上发表结果。

- 我们的网站 zombiescrum.org 是僵尸 Scrum 抵抗组织的中心枢纽。在这里，你可以找到更多实验、区域聚会的列表，以及自己开启一个聚会的指南。我们还将实践经验进行分享。

- scrumguides.org 网站上有最新版本的官方 Scrum 指南。Scrum 指南由其创始人 Ken Schwaber 和 Jeff Sutherland 与全球 Scrum 实践者社区一起定期进行检视和调整。

- scrumguides.org 是一个可以让你进一步理解 Scrum 框架的权威网站。scrumguides.org 是由 Scrum 框架的创建者之一 Ken Schwaber 创立的。

结束语

我们以一个重要话题开启了本书：僵尸 Scrum 已经在全球范围内蔓延，并威胁到许多大大小小组织的生存。当你看到一个成功落地 Scrum 框架的团队时，其实都有另外几个团队在努力帮助它实现落地。原因很简单，Scrum 框架的目的可以被分解成四个环环相扣的方面：构建利益相关者需要的东西、快速交付成果、根据你所学的东西持续改进，以及通过自组织来移除障碍。这是降低复杂工作的风险和对利益相关者做出更积极响应的唯一最佳方式。这就是敏捷性的含义。

然而，这些方面与各个组织通常的工作方式不同。这种脱节造成了摩擦，削弱了团队快速响应变化的能力。我们在本书中已经看到了许多关于这些问题的例子。Scrum 框架通过要求团队遵循唯一的一个规则来帮助它们克服这些障碍：在每个 Sprint 都要创建一个可发布的完成的增量。如果不遗余力地帮助团队做到这一点，所有阻碍敏捷性的障碍最终都会消失。

当团队始终无法遵循这一规则，并且没有人试图改进时，僵尸 Scrum 就会出现。结果是，任何变化都是表面的。从远处看，它像极了 Scrum，但它并没有创造任何形式的敏捷性。

我们写这本书的目的是从僵尸 Scrum 的视角来深刻地阐述 Scrum 框架的目的。我们还分享了 40 多个实用的、可以动手实操的实验，以便让 Scrum 团队从僵尸 Scrum 中恢复过来。

作为僵尸 Scrum 抵抗组织的正式成员，现在就看你如何将所学到的东西付诸实践了（见图 13.1）。找到其他志同道合的伙伴，并肩作战，一同克服僵尸 Scrum。我们知道你一定可以的！

图 13.1　祝你在康复的道路上一切顺利。虽然有时你会感到孤独和困难，但想创造更好工作环境的并不是只有你一人

快来下载你的急救箱，从僵尸Scrum中
快速恢复过来。

读书笔记

读书笔记